高等职业教育系列教材

智能制造概论

主　编　李方园
副主编　陆明聪

机械工业出版社

本书从智能制造实践出发，以立德树人为出发点，引入 7 个思政小贴士，以可操作的、创新的路径来阐述智能制造策略，为传统制造业转型升级提供了新的思路。本书共分 7 章，第 1 章为绪论，第 2 章介绍了智能传感技术，第 3 章介绍了智能控制技术，第 4 章介绍了智能加工技术，第 5 章介绍了智能物联技术，第 6 章介绍了工业智能软件应用，第 7 章介绍了智能制造方案设计。

本书深入浅出、图文并茂，既可以作为高职院校的工业机器人技术、智能控制技术、电气自动化技术、机电一体化技术、机械制造与自动化等装备制造大类专业的教材，也可供智能制造领域的相关工程技术人员作为自学用书。

本书配有电子课件和教学视频等资源，需要的教师可登录机械工业出版社教育服务网 www.cmpedu.com 免费注册后下载，或联系编辑索取（微信：13261377872，电话：010-88379739）。

图书在版编目（CIP）数据

智能制造概论/李方园主编. —北京：机械工业出版社，2021.5
（2024.1 重印）
高等职业教育系列教材
ISBN 978-7-111-67310-1

Ⅰ.①智⋯　Ⅱ.①李⋯　Ⅲ.①智能制造系统-高等职业教育-教材
Ⅳ.①TH166

中国版本图书馆 CIP 数据核字（2021）第 015007 号

机械工业出版社（北京市百万庄大街 22 号　邮政编码 100037）
策划编辑：曹帅鹏　责任编辑：曹帅鹏　陈崇昱
责任校对：张　征　责任印制：常天培
三河市航远印刷有限公司印刷
2024 年 1 月第 1 版第 7 次印刷
184mm×260mm·13.25 印张·328 千字
标准书号：ISBN 978-7-111-67310-1
定价：55.00 元

电话服务　　　　　　　　　网络服务
客服电话：010-88361066　　机　工　官　网：www.cmpbook.com
　　　　　010-88379833　　机　工　官　博：weibo.com/cmp1952
　　　　　010-68326294　　金　书　网：www.golden-book.com
封底无防伪标均为盗版　机工教育服务网：www.cmpedu.com

前 言

制造业是国民经济和国防建设的重要基础，是立国之本、兴国之器、强国之基。没有强大的制造业，就没有国民经济的可持续发展，更没有强大的国防事业。随着以物联网、大数据和云计算为代表的新一代信息通信技术的快速发展，以及这些技术与先进制造技术的融合创新，全球兴起了以智能制造为代表的新一轮产业变革，智能制造正促使我国制造业发生巨大变化。当前，我国面临全球产业重新整合的机遇期，抓住了智能制造，就抓住了工业化和信息化融合的本质，就有望在新一轮产业竞争中抢占制高点。党的二十大报告指出"推进新型工业化，加快建设制造强国"。国家发布的《"十四五"智能制造发展规划》，进一步激发了我国制造业转型升级的"新动能"。

本书是机械工业出版社组织出版的"高等职业教育系列教材"之一，由浙江工商职业技术学院李方园主编，陆明聪副主编，吕林锋、李霁婷参编。全书共分7章，第1章为绪论，介绍了智能制造的概念、智能制造企业建模、智能制造的特征，以及我国提出制造强国战略的背景、战略目标和战略重点。第2章介绍了智能传感技术，从传感器原理出发，对力传感器、位移传感器、速度传感器、温度传感器的相关情况进行了阐述，同时介绍了智能传感器的分类、功能与特点。第3章阐述了智能控制技术，主要包括以 IEC 61131 为标准的PLC 控制技术和涉及电动机的变频与伺服控制，同时介绍了模糊 PLC 控制、电动机参数的智能辨识。第4章阐述了离散型行业的智能加工技术，对数控机床与 CAM 技术、3D 打印技术、复合加工技术等最容易实现智能化的加工技术进行了介绍，最后引入了无人工厂和人机协同中不可或缺的工业机器人技术。第5章介绍了智能物联技术，涉及 RFID 技术、二维码识别技术、蓝牙技术、WiFi 技术、ZigBee 技术和移动通信技术，同时介绍了工厂设备的智能物联规范。第6章介绍了工业智能软件应用，包括 ERP 系统、MES、PLM 系统、云计算和大数据，并通过智能制造数据平台规划实例介绍了智能制造方案、现场层系统和应用层系统。第7章对发泡海绵和注塑车间的智能制造进行了方案设计，并给出了创新性的解决方案。

本书的写作条理清晰、要点突出，从智能制造实践出发，以立德树人为出发点，引入7个思政小贴士，通过"一硬"（传感和控制）、"一软"（工业软件和云计算）、"一网"（物联网）的阐述，以可操作的、创新的路径来阐述智能制造策略，为制造加工过程中的设计、工艺、装备和管理提供了新的思路。

由于编者水平有限，书中难免有疏漏和不当之处，恳请广大读者批评指正。

编 者

目 录

Chapter 1

第1章

绪　　论

导读

　　制造业是国民经济的主体，是立国之本、兴国之器、强国之基。自18世纪中叶工业革命开始以来，世界强国的兴衰史和中华民族的奋斗史一再证明，没有强大的制造业，就没有国家和民族的强盛。打造具有国际竞争力的制造业，是我国提升综合国力、保障国家安全、建设世界强国的必由之路。智能制造是以智能技术为代表的先进制造，包括以智能化、网络化、数字化和自动化为特征的先进制造技术的应用，涉及制造过程中的设计、工艺、装备和管理。因此，在我国的制造强国战略中，把智能制造作为两化深度融合的主攻方向，从而加快推动新一代信息技术与制造技术融合发展，着力发展智能装备和智能产品，推进生产过程智能化，培育新型生产方式，全面提升企业研发、生产、管理和服务的智能化水平。

知识图谱

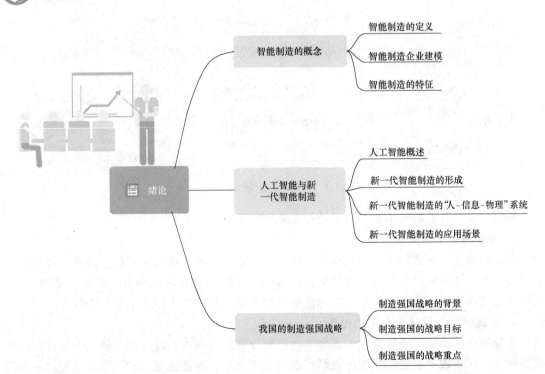

1.1 智能制造的概念

1.1.1 智能制造的定义

随着新一轮工业革命的发展，工业转型的呼声日渐高涨。面对信息技术和工业技术的革新浪潮，德国率先提出了"工业4.0战略"，美国也出台了"先进制造业回流计划"，中国加紧推进工业化和信息化的深度融合，并重点支持"新型基础建设"。这些战略的核心都是利用新兴信息化技术来提升工业的智能化应用水平，进而提升本国工业在全球市场的竞争力。

智能制造（Intelligent Manufacturing，IM）是以智能技术为代表的先进制造，包括以智能化、网络化、数字化和自动化为特征的先进制造技术的应用，涉及制造过程中的设计、工艺、装备（结构设计和优化、控制、软件、集成）和管理。

图1-1所示是智能制造所涵盖的内容，它是以物联网平台和数字设计平台为基础，结合工业网络安全、复杂系统仿真两大信息化技术，在产品和资产管理、生产管理领域对传统制造业全面实施智能化升级换代的新业态制造。

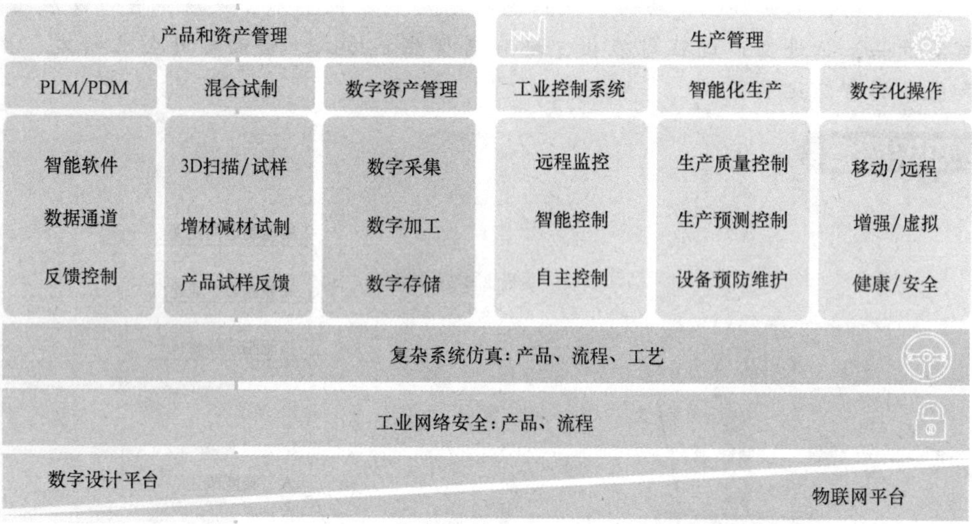

产品和资产管理			生产管理		
PLM/PDM	混合试制	数字资产管理	工业控制系统	智能化生产	数字化操作
智能软件	3D扫描/试样	数字采集	远程监控	生产质量控制	移动/远程
数据通道	增材减材试制	数字加工	智能控制	生产预测控制	增强/虚拟
反馈控制	产品试样反馈	数字存储	自主控制	设备预防维护	健康/安全
复杂系统仿真：产品、流程、工艺					
工业网络安全：产品、流程					
数字设计平台				物联网平台	

图 1-1 智能制造所涵盖的内容

根据定义，智能制造中相关设备的配置原则如下：

1. 具有网络化功能的设备

在离散型制造企业加工车间，车床、铣床、刨床、磨床、铸机、锻机、铆机、焊机和加工中心等是主要的生产资源。在智能制造过程中，必须将所有的设备及工位统一联网管理，使设备与设备之间、设备与计算机之间能够联网通信，设备与工位人员紧密关联。

2. 能适应生产现场无人化的设备

智能制造推动了工业机器人、多轴运动控制等智能设备的广泛应用，使工厂无人化制造成为可能。在离散型制造企业生产现场，数控加工中心、智能机器人和三坐标测量仪及其他所有柔性化制造单元进行自动化排产调度，工件、物料、刀具进行自动化装卸调度，由此可以达到无人值守的全智能化生产模式。

3. 具有"神经"系统的设备

智能制造一般都可以通过制造工艺的仿真优化、数字化控制、状态信息实时监测和自适应控制，进而实现整个过程的智能管控。在机械、汽车、航空、船舶、轻工、家用电器和电子信息等离散型制造行业，企业发展智能制造的核心目的是拓展产品价值空间，侧重从单台设备自动化和产品智能化入手，基于生产效率和产品效能的提升实现价值增长。因此，智能制造首先是生产设备或生产线的智能化，通过引进各类符合生产所需的智能装备，建立基于制造执行系统的车间级智能生产单元，提高精准制造、敏捷制造、透明制造的能力。

4. 能进行数据分析的设备

在智能制造生产现场，每隔几秒钟就会收集一次数据，利用这些数据可以实现很多形式的分析，包括设备开机率、主轴运转率、主轴负载率、运行率、故障率、生产率、设备综合利用率、零部件合格率、质量百分比等。例如，在生产工艺改进方面，在生产过程中使用这些大数据，就能分析整个生产流程，了解每个环节是如何执行的。一旦有某个流程偏离了标准工艺，就会产生一个报警信号，能更快速地发现错误或者瓶颈所在，也就能更容易地解决问题。利用大数据技术，还可以对产品的生产过程建立虚拟模型，仿真并优化生产流程，当所有流程和绩效数据都能在系统中重建时，这种透明度将有助于制造企业改进其生产流程。例如，在能耗分析方面，在设备生产过程中利用传感器集中监控所有的生产流程，能够发现能耗的异常或峰值情形，由此便可在生产过程中优化能源的消耗，对所有流程进行分析将会大大降低能耗。

1.1.2 智能制造企业建模

1. 三维立方体企业模型

企业建模是一种全新的企业经营管理模式，它可为企业提供一个框架结构，以确保企业的应用系统与企业经常改进的业务流程之间紧密匹配。企业建模以分析方法和建模工具为主体，其参考模型的建立以及建模工具的研制，是当前帮助企业不断缩短产品开发时间、提高产品质量、降低成本、提高服务层次的重要手段。

残酷的市场竞争是现在几乎所有企业面临的最大挑战，同时也给善于运用科学手段完善经营管理体系的企业带来了机会。为了在市场竞争中获得更高的回报，很多企业都在不断地进行内部改造，由此产生了诸如准时生产制（Just In Time，JIT）、全面质量管理（Total Quality Management，TQM）、时间压缩管理（Time Compress Management，TCM）、快速反应周期（Fast Cycle Response，FCR）等经营管理体系，为了实施这些理论，MRP、ERP、MRP II、CIMS被更多的企业认知并运用。但是，在添置计算机、架构自己的企业网络、采购大型数据库系统和先进设备后，企业并没有获得预期的效益。

管理体系在不断变化，管理思想体系在几轮冲刷后也得到升华。现在，业务流程再造（Business Process Re-Engineering，BPR）体系被越来越多的企业采用，于是，如何适应企业在实施BPR时诱发的业务不断变化和持续发展，成为经营管理方法能否有效实施的关键。

从企业组织形态上看，企业是由不同业务部门组成的，换一个角度从企业业务环节上看，企业包括复杂的业务流转系统（由供应链子系统、客户关系管理子系统等构成）、设计系统、生产制造系统，企业的业务环节中存在大量的信息作为其运行基础，而不同的信息又在不同的业务环节中发挥不同的作用。就目前而言，我们要分析这个复杂的系统，除了需要企业的经营管理者和研究人员付出激情、勇气、智慧和耐心外，更需要借助科学的手段、有效的数学工具和先进的计算机技术，来构造一个可以解释和反映企业外部行为表现及内在本质的模型。

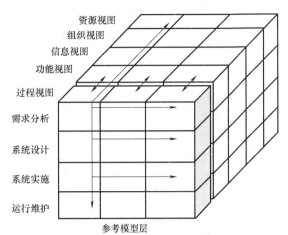

图 1-2　三维立方体企业模型

图 1-2 所示为三维立方体企业模型，该体系结构的每个侧面描述了企业建模关心的不同阶段、不同视图和不同的建模构件的通用性程度。

（1）生命周期维。建立企业需求分析、系统设计、系统实施和运行维护四阶段的建模方法学，并确定各阶段的研究重点和不同建模阶段之间的模型映射方法。包含需求分析、系统设计、系统实施和运行维护四个重要部分。

（2）视图模型维。研究集成化的企业建模视图结构，该系统以过程视图（工作流模型）为核心，其他视图（功能视图、信息视图、组织视图、资源视图）为辅助视图来统一集成建模，最终形成具有一定柔性的动态企业模型。

（3）通用性层次维。研究不同建模阶段、不同建模视图的基本构件形式，从而建立基本构件模型库，并以不同的行业为背景建立企业参考模型，同时在企业中建立专用的企业特定模型。

2. 工作流模型

工作流模型是对智能工厂工作流的抽象表示，需要保证流程含义的正确、数据一致性和流程的可靠性，建立的模型不仅要有正确的语意，而且能提供一个由分析模型到投入实际实施模型的转换接口，从而使该模型能够被企业实际应用的工作流管理系统执行。为此，工作流管理联盟定义了描述工作流模型的模型，即工作流元模型。

定义工作流元模型需要对工作流程进行定义，这个模型需要反映工厂中业务过程的目的、完成这个业务需要哪些功能操作、过程的执行转换条件（即规定业务规则和操作的顺序）、所需资源和相关数据，对于一个可以执行的工作流模型还需要指出该模型需要激活的应用程序，图 1-3 所示为工作流元模型，该模型由 6 个模块组成，它们的定义分别如下。

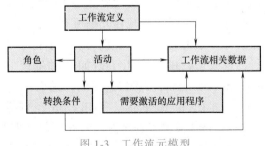

图 1-3　工作流元模型

（1）工作流定义（过程模型）。它一般包含诸如工作流模型名称、版本号、过程启动和终止条件、系统安全、监控和控制信息等一系列基本属性。该模块反映了一个企业在经营过程中的目的。

（2）活动。主要属性有活动名称、活动类型、活动前/后的条件、调度约束参数等。当工作流运行在分布的环境下时，在活动的属性中还应包括执行该活动的工作流机的位置。活动对应于企业经营过程中的任务，主要反映完成企业经营过程需要执行哪些功能操作。

（3）转换条件。主要负责为过程实例的推进提供导航依据，主要参数包括工作流过程条件（Flow Condition，即过程实例向前推进的条件，可以认为是前/后条件的同义词）、执行条件（Execution Condition，即执行某个活动的条件）和通知条件（Notification Condition，即通知不同用户的条件）。转换条件对应于企业经营过程中的业务规则和操作顺序。如在订单处理完成后，执行生产计划指定。

（4）工作流相关数据。工作流根据工作流相关数据和转换条件进行推进，工作流相关数据的属性包括数据名称、数据类型和数据值等。它是工作流相关执行任务推进的依据，如在处理银行贷款申请表后，根据申请贷款的值决定下一个执行活动是什么。

（5）角色。角色属性主要包括角色的名称、组织实体、角色的能力等。角色或组织实体决定了参与某个活动的人员或组织单元。它主要描述企业经营过程中参与操作的人员与组织单元。

（6）需要激活的应用程序。主要属性包括应用程序的类型、名称、路径及运行参数。应用主要描述了用于完成企业经营过程所采用的工具或手段。如采用 ERP 软件或决策支持软件完成某个具体的企业业务功能。

通过以上分析得出，工作流定义与活动、工作流相关数据之间是一对多的关系，即一个工作流定义由多个活动与多个工作流相关数据组成。活动、资源、工作流相关数据、需要激活的应用程序以及转换条件之间都是多对多的对应关系。

1.1.3　智能制造的特征

智能制造不只是针对生产端，衡量标准也不仅是自动化率。关键还是要发挥人的智慧，孕育崭新的制造模式，实现效率最大化。在智能制造背景下，企业追求的不是单纯的"智能"，而是"智慧"。拼投资、拼装备，提升工厂的自动化水平并不难，但衡量一个工厂是否先进，不是看谁投资大、谁的自动化率高，而是要看谁能充分发挥人的智慧，通过人与自动化设备的有机协作，实现资源占用最小、效率发挥最大化。

和传统的制造相比，智能制造具有以下特征：

1. 自律能力

即搜集与理解环境信息和自身的信息，并进行分析判断和规划自身行为的能力。具有自律能力的设备称为"智能机器"，"智能机器"在一定程度上表现出独立性、自主性和个性，甚至相互间还能协调运作与竞争。强有力的知识库和基于知识的模型是自律能力的基础。

2. 人机一体化

人机一体化突出了人在制造系统中的核心地位，同时在智能设备的配合下，更好地发挥出人的潜能，使人机之间表现出一种平等共事、相互"理解"、相互协作的关系，使二者在不同的层次上各显其能，相辅相成。因此，在智能制造系统中，高素质、高智能的人将发挥更好的作用，机器智能和人的智能将真正地集成在一起，互相配合，相得益彰。

3. 虚拟现实技术

这是实现虚拟制造的支持技术，也是实现高水平人机一体化的关键技术之一。虚拟现技术是以计算机为基础，融信号处理、动画技术、智能推理、预测、仿真和多媒体技术为一体；借助各种音像和传感装置，虚拟展示现实生活中的各种过程、物件等，因而也能模拟制造过程和未来的产品，从感官和视觉上使人获得完全如同真实的感受。虚拟现实技术的特点是可以按照人们的意愿任意变化，这种人机结合的新一代智能界面，是智能制造的一个显著特征。

4. 自组织与超柔性

智能制造系统中的各组成单元能够依据工作任务的需要，自行组成一种最佳结构，其柔性不仅表现在运行方式上，而且表现在结构形式上，所以称这种柔性为超柔性，如同一群人类专家组成的群体，具有生物特征。

5. 学习能力与自我维护能力

智能制造系统能够在实践中不断地充实知识库，具有自学习功能。同时，在运行过程中可以自行诊断故障，并具备对故障自行排除、自行维护的能力。这种特征使智能制造系统能够自我优化并适应各种复杂的环境。

1.2 人工智能与新一代智能制造

1.2.1 人工智能概述

人工智能（Artificial Intelligence，AI）是计算机学科的一个分支，20世纪70年代以来被称为世界三大尖端技术（空间技术、能源技术、人工智能）之一，也被认为是21世纪三大尖端技术（基因工程、纳米科学、人工智能）之一。近年来人工智能得到了迅速的发展，在很多学科领域都获得了广泛应用，并取得了丰硕的成果。人工智能已逐步成为一个独立的分支，在理论和实践上都已自成体系。

人工智能是研究使计算机来模拟人的某些思维过程和智能行为（如学习、推理、思考、规划等）的学科，主要包括计算机实现智能的原理、制造类似于人脑智能的计算机，使计算机能实现更高层次的应用。人工智能将涉及计算机科学、心理学、哲学和语言学等学科，其范围已远远超出了计算机科学。人工智能与思维科学的关系是实践和理论的关系，人工智能处于思维科学的技术应用层次，是它的一个应用分支。从思维观点看，人工智能不仅限于逻辑思维，更要考虑形象思维、灵感思维才能促进人工智能的突破性发展。数学常被认为是多种学科的基础科学，数学进入语言、思维领域后，人工智能学科也必须借用数学工具，数学不仅在标准逻辑、模糊数学等领域发挥作用，也渗透到人工智能学科，它们将互相促进而更快地发展。

1.2.2 新一代智能制造的形成

智能制造在实践演化中形成了多种范式，包括精益生产、柔性制造、并行工程、敏捷制造、数字化制造、计算机集成制造、网络化制造、云制造、智能化制造等，这些范式在不同程度、不同视角上反映出制造业的数字化、网络化和智能化。中国工程院发布的《中国智能制造发展战略研究》中归纳了三种智能化制造的基本范式，即数字化制造、数字化网络化制造、数字化网络化智能化制造。

（1）数字化制造（Digital Manufacturing）。数字化制造是智能制造的第一种范式，也可称为第一代智能制造。20世纪下半叶以来，以数字化为主要内容的信息技术广泛应用于制造业，形成了"数字一代"创新产品、数字化制造系统和数字化企业。需要指出，数字化制造是智能制造的基础，其内涵不断发展，贯穿于智能制造的三种基本范式和全部发展历程。

（2）数字化网络化制造——"互联网+制造"（Smart Manufacturing）。数字化网络化制造是智能制造的第二种范式，也可称为"互联网+制造"或第二代智能制造。20世纪末，互联网技术开始广泛应用，"互联网+"不断推进制造业和互联网融合发展，网络将人、流程、数据和事物连接起来，通过企业内、企业间的协同和各种社会资源的共享与集成，重塑制造业的价值链，推动制造业从数字化制造向数字化网络化制造转变。过去几年，我国工业界大力推进"互联网+制造"，一方面，一批数字化制造基础较好的企业成功实现了数字化网络化升级；另一方面，大量原来还没有完成数字化改造的企业，采用并行推进数字化制造和"互联网+制造"的技术路线，完成了数字化制造的"补课"，同时跨越到"互联网+制造"阶段。

（3）数字化网络化智能化制造——新一代智能制造（Intelligent Manufacturing）。数字化网络化智能化制造是智能制造的第三种范式，也可称为新一代智能制造，如图1-4所示。进入21世纪以来，移动互联、超级计算、大数据、云计算、物联网等技术快速发展，并推动新一代人工智能技术取得重大突破。新一代人工智能技术与先进制造技术深度融合，形成了新一代智能制造。新一代

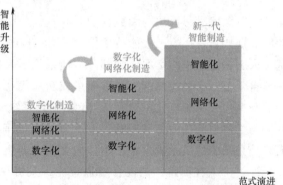

图1-4 三种智能制造范式的演进

智能制造系统中增加了基于人工智能技术的学习认知部分，使系统不仅具有强大的感知、计算分析与控制能力，还具有自学习、自适应的能力。新一代智能制造未来将给制造业带来革命性变化，是真正意义上的"智能制造"，将从根本上引领和推进第四次工业革命。

1.2.3 新一代智能制造的"人-信息-物理"系统

传统制造系统包含人和物理系统两大部分，该系统是完全通过人完成信息感知、分析决策、操作控制以及认知学习去完成各种工作任务，可抽象描述为"人-物理系统"（Human-Physical Systems，HPS）。

与传统制造系统相比，第一代（数字化）和第二代（数字化网络化）智能制造系统发生的本质变化是在人和物理系统之间增加了信息系统（Cyber System）。一方面，信息系统可以代替人类完成部分脑力劳动；另一方面，人的一部分感知、分析、决策功能向信息系统复制迁移，进而可以通过信息系统来控制物理系统，从而代替人类完成更多的体力劳动。信息系统的引入使得制造系统同时增加了"人-信息系统"（Human-Cyber Systems，HCS）和"信息-物理系统"（Cyber-Physical Systems，CPS），并使得制造系统完成了从传统的"人-物理系统"向"人-信息-物理系统"（Human-Cyber-Physical Systems，HCPS）的演变。传统制

造系统与智能制造系统的比较如图 1-5 所示。

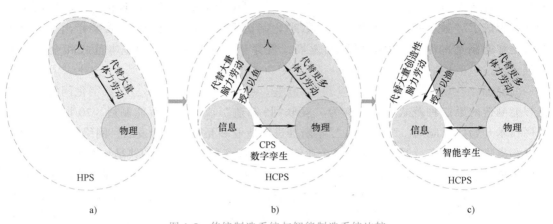

图 1-5　传统制造系统与智能制造系统比较

a）传统制造系统　b）第一代和第二代智能制造系统　c）新一代智能制造系统

随着深度学习算法与大数据的兴起，人工智能在经历六十多年的曲折发展过程后迎来蓬勃发展期。新一代人工智能技术使"人-信息-物理系统"发生质的变化，信息系统中增加了基于人工智能技术的学习认知部分，使系统不仅具有强大的感知、计算分析与控制能力，还具有自学习、自适应的能力，进而形成新一代"人-信息-物理系统"。

新一代人工智能技术对"人-信息-物理系统"产生的主要变化在于：一方面，人将部分认知与学习型的脑力劳动转移给信息系统，因而信息系统具有了"认知和学习"的能力，人和信息系统的关系发生了根本性的变化，即从"授之以鱼"发展到"授之以渔"；另一方面，通过"人在回路"的混合增强智能，人机深度融合从本质上提高了制造系统处理复杂性、不确定性问题的能力，极大地优化了制造系统的性能。新一代智能制造系统的技术机理如图 1-6 所示。

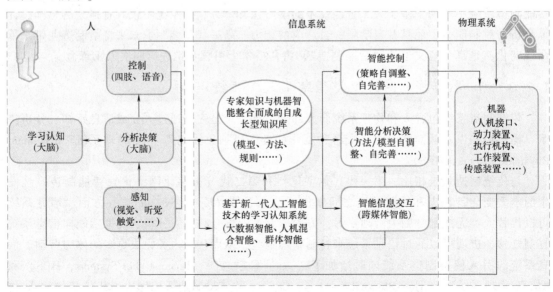

图 1-6　新一代智能制造系统的技术机理

1.2.4 新一代智能制造的应用场景

人工智能对于新一代智能制造的价值主要体现在两方面。一方面，人工智能可以提高工业设计水平并促进新型生产方式实现；另一方面，将进一步提升数字化、网络化、智能化的水平，从根本上提高工业知识产生和利用的效率，从而推动制造业发展步入新阶段，并成为经济发展的新引擎。

新一代智能制造的应用场景有以下四个方面

1. 机器感知应用

机器感知应用包括产品外观检测、手机玻璃盖板检测、动力锂电池的极片毛刺检测、语音识别等。

2. 机器学习应用

机器学习应用包括工艺与产品质量改进、异常动作识别、微装配机器人技能学习系统、轴承健康状态感知、刀具的智能管理与寿命预测等。

3. 机器思维应用

机器思维应用包括虚拟调度机器人、数字印刷喷头阵列智能调度、知识自动化系统、人工智能物流调度与决策、高速动车组生产车间的生产因素识别、智能分析与决策系统、故障诊断与智能维护等。

4. 智能行为应用

智能行为应用包括智能无人仓库管理、自动化装备生产线、智能上料机器人等。

1.3 我国的制造强国战略

1.3.1 制造强国战略的背景

中华人民共和国成立尤其是改革开放以来，我国制造业持续快速发展，形成了门类齐全、独立完整的产业体系，有力地推动了工业化和现代化进程，显著增强了综合国力，支撑了我国的世界大国地位。然而，与世界先进水平相比，我国制造业仍然大而不强，在自主创新能力、资源利用效率、产业结构水平、信息化程度、质量效益等方面差距明显，转型升级和跨越发展的任务紧迫而艰巨。

当前，新一轮科技革命和产业变革与我国加快转变经济发展方式形成历史性交汇，国际产业分工格局正在重塑。必须紧紧抓住这一重大历史机遇，按照"四个全面"战略布局要求，实施制造强国战略，加强统筹规划和前瞻部署，力争通过三个十年的努力，到中华人民共和国成立一百年时，把我国建设成为引领世界制造业发展的制造强国，为实现中华民族的伟大复兴打下坚实基础。

1. 全球制造业格局面临重大调整

新一代信息技术与制造业的深度融合，正在引发影响深远的产业变革，形成新的生产方式、产业形态、商业模式和经济增长点。各国都在加大科技创新力度，推动三维（3D）打印、移动互联网、云计算、大数据、生物工程、新能源、新材料等领域取得新突破。基于信息物理系统的智能装备、智能工厂等智能制造正在引领制造方式变革；网络众包、协同设计、大规模个性化定制、精准供应链管理、全生命周期管理、电子商务等正在重塑产业价值链体系；可穿戴智能产品、智能家电、智能汽车等智能终端产品不断拓展制造业新领域。我国制造业转型升级、创新发展迎来重大机遇。

全球产业竞争格局正在发生重大调整，我国在新一轮发展中面临巨大挑战。国际金融危机发生后，发达国家纷纷实施"再工业化"战略，重塑制造业竞争新优势，加速推进新一轮全球贸易投资新格局。一些发展中国家也在加快谋划和布局，积极参与全球产业再分工，承接产业及资本转移，拓展国际市场空间。我国制造业面临发达国家和其他发展中国家"双向挤压"的严峻挑战，必须放眼全球，加紧战略部署，着眼建设制造强国，固本培元，化挑战为机遇，抢占制造业新一轮竞争制高点。

2. 我国经济发展环境发生重大变化

随着新型工业化、信息化、城镇化、农业现代化的同步推进，超大规模内需潜力不断释放，为我国制造业发展提供了广阔空间。各行业新的装备需求、人民群众新的消费需求、社会管理和公共服务新的民生需求、国防建设新的安全需求，都要求制造业在重大技术装备创新、消费品质量和安全、公共服务设施设备供给和国防装备保障等方面迅速提升水平和能力。全面深化改革和进一步扩大开放，将不断激发制造业发展活力和创造力，促进制造业转型升级。

我国经济发展进入新常态，制造业发展面临新挑战。资源和环境约束不断强化，劳动力等生产要素成本不断上升，投资和出口增速明显放缓，主要依靠资源要素投入、规模扩张的粗放发展模式难以为继，调整结构、转型升级、提质增效刻不容缓。形成经济增长新动力，塑造国际竞争新优势，重点在制造业，难点在制造业，出路也在制造业。

3. 建设制造强国任务艰巨而紧迫

经过几十年的快速发展，我国制造业规模跃居世界第一位，建立起门类齐全、独立完整的制造体系，成为支撑我国经济社会发展的重要基石和促进世界经济发展的重要力量。持续的技术创新，大大提高了我国制造业的综合竞争力。载人航天、载人深潜、大型飞机、北斗卫星导航、超级计算机、高铁装备、百万千瓦级发电装备、万米深海石油钻探设备等一批重大技术装备取得突破，形成了若干具有国际竞争力的优势产业和骨干企业，我国已具备了建设工业强国的基础和条件。

但我国仍处于工业化进程中，与先进国家相比还有较大差距。制造业大而不强，自主创新能力弱，关键核心技术与高端装备对外依存度高，以企业为主体的制造业创新体系不完善；产品档次不高，缺乏世界知名品牌；资源能源利用效率低，环境污染问题较为突出；产业结构不合理，高端装备制造业和生产性服务业发展滞后；信息化水平不高，与工业化融合深度不够；产业国际化程度不高，企业全球化经营能力不足。推进制造强国建设，必须着力解决以上问题。

建设制造强国，必须紧紧抓住当前难得的战略机遇，积极应对挑战，加强统筹规划，突出创新驱动，制定特殊政策，发挥制度优势，动员全社会力量奋力拼搏，更多依靠中国装备、依托中国品牌，实现中国制造向中国创造的转变，中国速度向中国质量的转变，中国产品向中国品牌的转变，完成中国制造由大变强的战略任务。

1.3.2 制造强国的战略目标

1-2 制造强国
的战略目标

立足国情，立足现实，力争通过"三步走"实现制造强国的战略目标。

第一步：力争用十年时间，迈入制造强国行列。

到2025年，制造业整体素质大幅提升，创新能力显著增强，全员劳动生产率明显提高，两化（工业化和信息化）融合迈上新台阶。重点行业单位工业增加值能耗、物耗及污染物排放达到世界先进水平。形成一批具有较强国际竞争力的跨国公司和产业集群，在全球产业分工和价值链中的地位明显提升。

第二步：到2035年，我国制造业整体达到世界制造强国方阵的中等水平。创新能力大幅提升，重点领域发展取得重大突破，整体竞争力明显增强，优势行业形成全球创新引领能力，全面实现工业化。

第三步：中华人民共和国成立一百年时，制造业大国地位更加巩固，综合实力进入世界制造强国前列。制造业主要领域具有创新引领能力和明显竞争优势，建成全球领先的技术体系和产业体系。

1.3.3 制造强国的战略重点

加快推动新一代信息技术与制造技术融合发展，把智能制造作为两化深度融合的主攻方向；着力发展智能装备和智能产品，推进生产过程智能化，培育新型生产方式，全面提升企业研发、生产、管理和服务的智能化水平。

1. 研究制定智能制造发展战略

编制智能制造发展规划，明确发展目标、重点任务和重大布局。加快制定智能制造技术标准，建立完善智能制造和两化融合管理标准体系。强化应用牵引，建立智能制造产业联盟，协同推动智能装备和产品研发、系统集成创新与产业化。促进工业互联网、云计算、大数据在企业研发设计、生产制造、经营管理、销售服务等全流程和全产业链的综合集成应用。加强智能制造工业控制系统网络安全保障能力建设，健全综合保障体系。

2. 加快发展智能制造装备和产品

组织研发具有深度感知、智慧决策、自动执行功能的高档数控机床、工业机器人、增材制造装备等智能制造装备以及智能化生产线，突破新型传感器、智能测量仪表、工业控制系统、伺服电动机及驱动器和减速器等智能核心装置，推进工程化和产业化。加快机械、航空、船舶、汽车、轻工、纺织、食品、电子等行业生产设备的智能化改造，提高精准制造、敏捷制造能力。统筹布局和推动智能交通工具、智能工程机械、服务机器人、智能家电、智能照明电器、可穿戴设备等产品的研发和产业化。

3. 推进制造过程智能化

在重点领域试点建设智能工厂/数字化车间，加快人机智能交互、工业机器人、智能物流管理、增材制造等技术和装备在生产过程中的应用，促进制造工艺的仿真优化、数字化控制、状态信息实时监测和自适应控制。加快产品全生命周期管理、客户关系管理、供应链管理系统的推广应用，促进集团管控、设计与制造、产供销一体、业务和财务衔接等关键环节集成，实现智能管控。加快民用爆炸物品、危险化学品、食品、印染、稀土、农药等重点行业智能检测监管体系建设，提高智能化水平。

4. 深化互联网在制造领域的应用

制定互联网与制造业融合发展的路线图，明确发展方向、目标和路径。发展基于互联网的个性化定制、众包设计、云制造等新型制造模式，推动形成基于消费需求动态感知的研发、制造和产业组织方式。建立优势互补、合作共赢的开放型产业生态体系。加快开展物联网技术研发和应用示范，培育智能监测、远程诊断管理、全产业链追溯等工业互联网新应用。实施工业云及工业大数据创新应用试点，建设一批高质量的工业云服务和工业大数据平台，推动软件与服务、设计与制造资源、关键技术与标准的开放共享。

5. 加强互联网基础设施建设

加强工业互联网基础设施建设规划与布局，建设低时延、高可靠、广覆盖的工业互联网。加快制造业集聚区光纤网、移动通信网和无线局域网的部署和建设，实现信息网络宽带升级，提高企业宽带接入能力。针对信息物理系统网络研发及应用需求，组织开发智能控制系统、工业应用软件、故障诊断软件和相关工具、传感和通信系统协议，实现人、设备与产品的实时联通、精确识别、有效交互与智能控制。

思政小贴士：制造大国，科技强国

经过70多年的建设和发展，我国制造业取得了巨大的历史性成就。按照联合国工业发展组织的数据，中国22个制造业大类行业的增加值均居世界前列，数百种主要制造业产品的产量居世界第一位。我国已经从新中国成立之初积贫积弱的农业国转变成一个拥有世界上最完整产业体系、最完善产业配套的制造业大国和世界最主要的加工制造业基地，并在许多高科技领域实现了重大突破，千万吨级大型炼油设备、750千伏交流输变电成套设备等技术装备实现技术自主可控、技术水平居世界前列，高速铁路机车及系统成为"中国制造"的靓丽名片，在一系列尖端领域都迈进了世界"第一梯队"。

【思考与练习题】

1.1　请列举近年来我国工业和信息化部公布的"智能制造试点示范项目名单"，并搜集相关资料就其中的3项智能制造项目的内涵和特征进行列表说明。

1.2　请用思维导图画出机加工企业、家电装配企业不同的设备配置情况。

1.3　三维立体企业模型中的"三维"分别是什么？

1.4　请绘制工作流元模型图，并以你所熟悉的制造业企业来进行说明。

1.5　我国知名的人工智能企业有哪些？其产品分别有哪些？

1.6　人工智能技术融入制造业后为什么可以带动制造业转型升级到新一代智能制造？

1.7　请简要阐述我国的制造强国的战略目标和战略重点。

第2章

智能传感技术

 导读

　　传感器是一种检测装置，能感受到被测量的信息，并能将信息按一定规律变换成电信号或其他所需形式的信息输出，以满足信息的传输、处理、存储、显示、记录和控制等要求。力传感器、位移传感器、速度传感器和温度传感器是四种常用的制造业传感器，也是实现工厂自动检测和智能控制的首要环节。智能传感器目前正向单片集成化方向发展，借助于半导体技术可以将传感器部分与信号放大调理电路、接口电路和微处理器等制作在同一块芯片上，而形成大规模集成电路，最终形成一种可以对信号进行检测、分析、处理、存储和通信，同时又具备了记忆、分析、思考和交流能力的新型传感器。

知识图谱

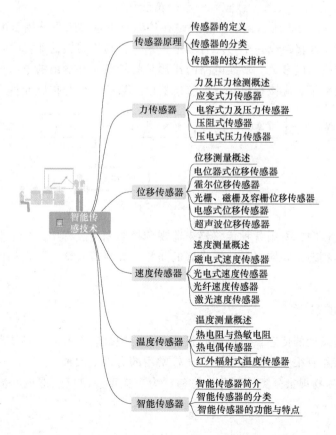

2.1 传感器原理

2.1.1 传感器的定义

2-1 传感器的定义

人们为了从外界获取信息，必须借助于感觉器官。而单靠人们自身的感觉器官，在研究自然现象和规律以及生产活动时它们的功能就远远不够了。为适应这种情况，就需要传感器。因此，可以说传感器是人类五官的延长，又称之为电五官。

传感器是一种检测装置，能感受到被测量的信息，并能将信息按一定规律变换成电信号或其他所需形式的信息输出，以满足信息的传输、处理、存储、显示、记录和控制等要求。它是实现自动检测和智能控制的首要环节。传感器应用领域广泛，覆盖了工业、农业、交通、科技、环保、国防、文教卫生、人民生活等各方面，在国民经济建设以及各行各业的运行过程中承担着把关者和指导者的任务。

国家标准 GB/T 7665—2005 对传感器的定义："能感受规定的被测量并按照一定的规律转换成可用信号的器件或装置，通常由敏感元件和转换元件组成"。从该定义可以看出：

① 传感器是测量装置，能完成检测任务；

② 传感器的输出量是某一被测量，可能是物理量，也可能是化学量、生物量等；

③ 它的输出量是某种物理量，这种量要便于传输、转换、处理、显示等，这种量可以是气、光、电学量，但主要是电学量；

④ 输出与输入有对应关系，且应有一定的精确程度。

传感器的组成框图 2-1 所示，敏感元件是在传感器中直接感受被测量的元件。即被测量通过传感器的敏感元件转换成一个与之有确定关系、更易于转换的非电学量。这一非电学量通过转换元件被转换成电参量。转换电路的作用是将转换元件输出的电参量转换成易于处理的电压、电流或频率量。应该指出，有些传感器已将敏感元件与传感元件合二为一。

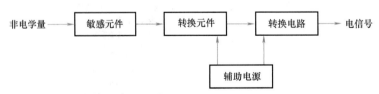

图 2-1 传感器的组成框图

在智能制造过程中，要用各种传感器来监视和控制制造过程中的各个参数，使设备工作在正常状态或最佳状态，并使产品达到最好的质量。如果没有众多优良的传感器，智能制造也就失去了基础。

2.1.2 传感器的分类

根据某种原理设计的传感器可以同时检测多种物理量，而有时一种物理量又可以用几种传感器测量，传感器有很多种分类方法，比较常用的有以下四种。

1）按传感器的物理量分类，可分为位移、力、速度、温度、湿度、流量、气体成分等传感器。

2）按传感器工作原理分类，可分为电阻、电容、电感、电压、霍尔、光电、光栅、热电偶等传感器。

3）按传感器输出信号的性质分类，可分为输出为"1""0"或"开""关"等开关量的开关型传感器；输出为模拟量的模拟型传感器；输出为脉冲或代码的数字型传感器。

4）根据传感器的能量转换情况，可分为能量控制型传感器和能量转换型传感器，前者需要外电源供给，后者主要由能量变换元件构成，不需要外电源。

2.1.3 传感器的技术指标

1. 输出线性度

输出线性度是指传感器输出量与输入量之间的实际关系曲线偏离直线的程度，有零基线性度、端基线性度、独立线性度及绝对线性度等四种表示方法。线性度的示意图如图 2-2 所示，定义式为

$$E = \pm \frac{\Delta \max}{Y_{FS}} \times 100\% \qquad (2\text{-}1)$$

式中，$\Delta \max$ 为传感器在全量程上的最大偏差值；Y_{FS} 为传感器的量程。

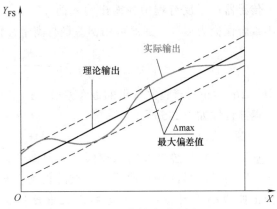

图 2-2 线性度示意图

2. 灵敏度

传感器输出的变化量 ΔY 与引起此变化量的输入变化量 ΔX 之比即为静态灵敏度，表达式为

$$K = \frac{\Delta Y}{\Delta X} \times 100\% \qquad (2\text{-}2)$$

传感器的校正曲线的斜率就是其灵敏度。对于线性传感器，斜率处处相同，灵敏度 K 是一个常数。由于某种原因，会引起灵敏度变化，产生灵敏度误差，即

$$\gamma_K = \frac{\Delta K}{K} \times 100\% \qquad (2\text{-}3)$$

3. 输出平滑性

输出平滑性是指传感器在测量时，输出信号随时间的稳定性，如图 2-3 所示。它可用理论电气行程输出信号电压波动百分比表示。输出平滑性受到接触阻抗的变化，分辨率和在输出中其他微量非线性输出的影响，是影响传感器性能的重要指标之一。可用下式表示：

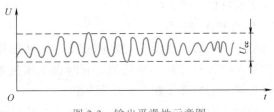

图 2-3 输出平滑性示意图

$$RTS = \frac{U_{cc}}{U_0} \times 100\% \qquad (2\text{-}4)$$

式中，U_{cc} 是峰-峰值最大变化，即输出信号的最大波动值；U_0 是传感器的理论输出信号电压。

4. 降功耗曲线

传感器的输出功率与温度之间的关系称为降功耗曲线。一般以传感器在 $-55 \sim 70 ℃$ 时功耗为 100 %，$70 \sim 125 ℃$ 之间时功耗开始下降直至零。所以在使用时应注意环境温度与功耗的关系，其关系图如图 2-4 所示。

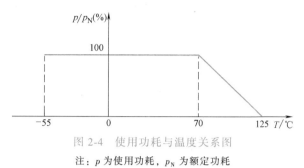

图 2-4　使用功耗与温度关系图

注：p 为使用功耗，p_N 为额定功耗

5. 迟滞

传感器在正反行程中的输出输入曲线不重合性称为迟滞。迟滞可用偏差量与满量程输出之比的百分数表示：

$$\gamma_H = \frac{\Delta H_{max}}{Y_{FS}} \times 100 \% \tag{2-5}$$

式中，ΔH_{max} 正反行程间输出的最大差值；Y_{FS} 为传感器的满量程输出。

迟滞特性如图 2-5 所示。

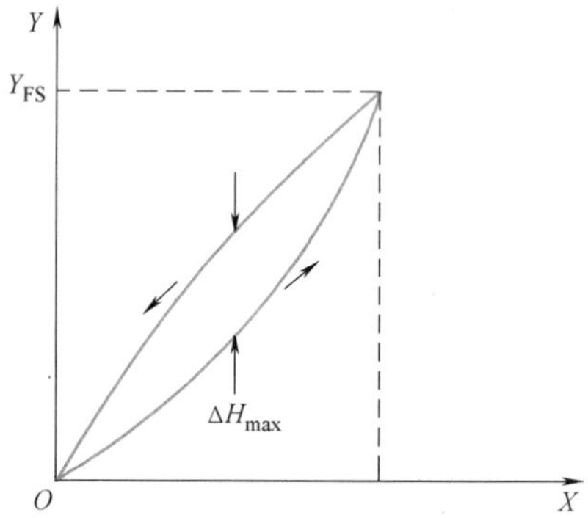

6. 重复性

重复性是指传感器在输入按同一方向做全量程连续多次变动时所得的特性曲线不一致的程度。实际输出校正曲线的重复特性，正行程最大重复性偏差为 ΔR_{max1}，反行程最大重复性偏差为 ΔR_{max2}。重复性误差取这两个最大偏差之中较大者 ΔR_{max} 除以满量程输出 Y_{FS} 的百分数来表示：

$$\gamma_R = \frac{\Delta R_{max}}{Y_{FS}} \times 100 \% \tag{2-6}$$

图 2-5　迟滞特性示意图

检测时也可以选取几个测试点，对应每一个点多次从一个方向趋近，获得输出值序列 y_{i_1}，y_{i_2}，y_{i_3}，$\cdots$，y_{i_n}，并算出最大值与最小值之差为重复性偏差 ΔR_i，在几个 ΔR_i 中取最大值作为重复性误差。

重复特性如图 2-6 所示。

7. 分辨率与阈值

分辨率是指传感器在规定测量范围内所能检测出的被测输入量的最小变化值。有时也将该值相对满量程输入值的百分数表示为分辨率。

阈值是能使传感器输出端产生可测变化量的最小被测输入量值，即零点附近的分辨能力。有的传感器在零位附近非线性严重，形成"死区"，则将这个区的大小称为阈值；更多情况下阈值主要取决于传感器噪声的大小。

传感器所能检测出的被测量的最小变化值一般相当于噪声电平的若干倍，用公式表示：

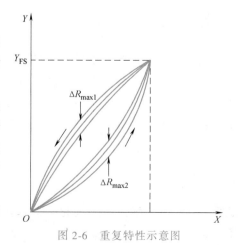

图 2-6　重复特性示意图

$$M = \frac{cN}{K} \tag{2-7}$$

式中，M 为被测量的最小变化值；c 为系数；N 为噪声电平；K 为传感器灵敏度。

8. 稳定性

稳定性又称长期稳定性，即传感器在相当长的时间内保持其原性能的能力。稳定性一般以室温条件下经过规定时间间隔后，传感器的输出与起始标定时的输出之间的差异来表示，有时也用标定的有效期来表示。

9. 漂移

漂移是指在一定时间间隔内，传感器的输出存在着与被测输入量无关的、不需要的变化。漂移常包括零点漂移和灵敏度漂移，每一种又可分为时间漂移（简称时漂）和温度漂移（简称温漂）。时漂是指在规定的条件下，零点或灵敏度随时间的缓慢变化；温漂是指由周围温度变化所引起的零点或灵敏度的变化。

传感器的零漂可表示为

$$零漂 = \frac{\Delta Y_0}{Y_{FS}} \times 100\% \tag{2-8}$$

式中，ΔY_0 为最大零点偏差；Y_{FS} 为满量程输出。

传感器的温漂一般以温度变化 1℃ 时输出的最大偏差与满量程的百分比来表示：

$$温漂 = \frac{\Delta Y_{max}}{Y_{FS} \Delta T} \times 100\% \tag{2-9}$$

式中，ΔY_{max} 为输出的最大偏差；Y_{FS} 为满量程输出；ΔT 为温度变化范围。

10. 精确度

通常，精确度是以测量误差的相对值来表示的。传感器与测量仪表精确度等级以一系列标准百分数值（如 0.001，0.005，0.02，0.05，…，1.5，2.5，…）进行分档。这个数值是传感器和测量仪表在规定条件下，允许的最大绝对误差值相对于其测量范围的百分数。

精确度可表示为

$$A = \frac{\Delta A}{Y_{FS}} \times 100\% \tag{2-10}$$

式中，A 为传感器的精度；ΔA 为允许的最大绝对误差；Y_{FS} 为满量程输出。

2.2 力传感器

2.2.1 力及压力检测概述

力及压力是智能制造中最常见的被控量之一，在航天、航空、电力、水利、石油化工、机械、军工、医疗、纺织、汽车、煤炭、地震监测等需要进行智能控制的行业，都有力及压力检测方面的需求。测量力及压力主要是为了了解生产设备的受力状况及其运行的安全状况，进而确保工业生产的安全进行，以实现生产过程的智能、安全和高效。

2.2.2 应变式力传感器

1. 电阻应变效应

导体或半导体材料在外力作用下产生机械变形时，它的电阻值也会发生相应的变化，这一物理现象称为电阻应变效应。应变式力传感器就是利用应变片受力后产生形状的改变，从而导致其电阻值的改变这一物理现象来实现力的测量。如图 2-7 所示为最常用的应变片电阻电桥电路，其电源为 U、输出为 U_o。

2. 应变片分类

根据应变片的材质，主要有金属和半导体两大类应变片。金属电阻应变片的结构形式有丝式、箔式和薄膜式三种。如图 2-8a 所示为丝式应变片，它是将金属丝按图示形状弯曲后再用黏合剂贴在基底上，基底可分为纸基、胶基和纸浸胶基等。电阻丝两端焊有引出线，使用时只要将应变片贴于弹性体上就可构成应变式传感器。如图 2-8b 所示为箔式应变片，该类应变片的敏感栅是通过光刻、腐蚀等工艺制成。箔栅厚度一般为 $0.003 \sim 0.01\text{mm}$。箔式应变片与丝式应变片比较，其优点是导体截面面积大，散热性好，允许通过较大的电流。

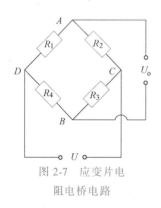

图 2-7　应变片电
阻电桥电路

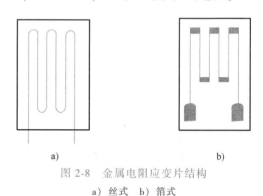

图 2-8　金属电阻应变片结构
a）丝式　b）箔式

2.2.3 电容式力及压力传感器

电容式传感器的基本工作原理可以用如图 2-9 所示的平板电容器来说明，设两极板相互覆盖的有效面积为 A（m^2），两极板间的距离为 d（m），极板间介质的介电常数为 ε（$\text{F} \cdot \text{m}^{-1}$），在忽略板极边缘影响的条件下，平板电容器的电容 C（F）为

$$C = \varepsilon A / d \qquad (2\text{-}11)$$

由式（2-11）可以看出，ε、A、d 三个参数都直接影响着电容 C 的大小。如果保持其中两个参数不变，而使另外一个参数改变，则电容就将发生变化。如果变化的参数与被测量之间存在一定的函数关系，那么被测量的变化就可以直接由电容的变化反映出来，例如改变极板面积、极板距离、介电常数都可以实现。

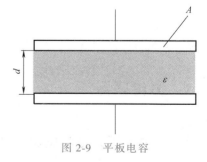

图 2-9　平板电容

电容式力及压力传感器是利用被测量的变化引起电容的变化这一物理现象来实现力或者压力的测量的。它具有结构简单、灵敏度高、动态响应特性好、适应性强、抗过载能力大及

价格低廉等优点。因此，可以用来测量压力、位移、振动、液位等参数。

2.2.4　压阻式传感器

1. 压阻效应

2-2　压阻式传感器

单晶硅材料在受力作用后，电阻率将随作用力而变化，这种物理现象称为压阻效应。半导体材料电阻的变化率 $\Delta R/R$ 主要由 $\Delta\rho/\rho$ 引起，即取决于半导体材料的压阻效应，所以可以用下式表示

$$\frac{\Delta R}{R} \approx \frac{\Delta\rho}{\rho} = \pi\sigma \qquad (2-12)$$

式中，π 为压阻系数；σ 为压应力；ρ 为半导体材料的电阻率。

在弹性变形限度内，硅的压阻效应是可逆的，即在应力作用下硅的电阻会发生变化，而当应力撤除时，硅的电阻又恢复到原来的数值。硅的压阻效应因晶体的取向不同而不同。压阻式传感器就是利用被测压力的变化引起压阻薄膜的变形，从而导致膜电阻值的改变这一物理现象来实现压力的测量的。

压阻式传感器的核心是硅膜片，通常多选用 N 型硅晶片作为硅膜片，在其上扩散 P 型杂质，形成 4 个阻值相等的电阻条。图 2-10 是硅膜片芯体的结构图。将芯片封装在传感器的壳体内，再连接出电极引线，就制成了典型的压阻式传感器。

2. 压力测量

压阻式压力传感器的结构如图 2-11 所示。传感器硅膜片两边有两个压力腔。一个是和被测压力相连接的高压腔，另一个是低压腔，通常和大气相通。当膜片两边存在压力差时，膜片上各点存在应力。膜片上的 4 个电阻的阻值会在应力作用下发生变化，从而导致电桥失去平衡，其输出的电压与膜片两边的压力差成正比。

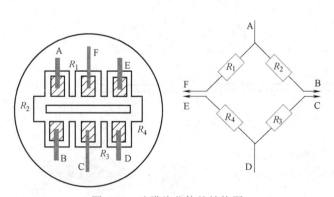

图 2-10　硅膜片芯体的结构图

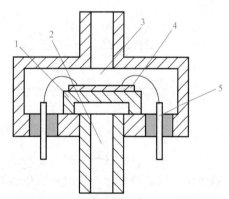

图 2-11　压阻式压力传感器结构图

1—硅杯　2—高压腔　3—低压腔

4—硅膜片　5—引线

2.2.5　压电式压力传感器

1. 压电效应

某些晶体在一定方向受到外力作用时，内部将产生极化现象，相应地在晶体的两个表面

产生符号相反的电荷，当撤走外力后，又恢复到不带电状态，且当作用力方向改变时，电荷的极性也随之改变，这种现象称为压电效应。具有压电效应的物质很多，如石英晶体、压电陶瓷、压电半导体等。

天然石英晶体如图 2-12 所示，它为规则的六角棱柱体，有三个晶轴：Z 轴又称光轴，它与晶体的纵轴线方向一致；X 轴又称电轴，它通过六面体相对的两个棱线并垂直于光轴；Y 轴也叫机械轴，它垂直于两个相对的晶柱棱面。

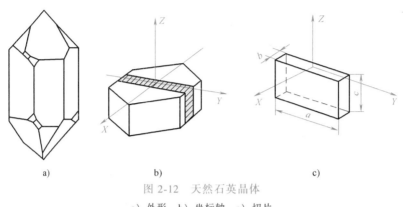

图 2-12　天然石英晶体

a）外形　b）坐标轴　c）切片

从晶体上沿 X、Y、Z 轴线切下一片平行六面体的薄片，称为晶体切片（见图 2-12c）。当沿着 X 轴对压电晶片施加力时，将在垂直于 X 轴的表面上产生电荷，这种现象称为纵向压电效应。沿着 Y 轴施加力的作用时，电荷仍出现在与 X 轴垂直的表面上，称为横向压电效应。当沿着 Z 轴方向受力时不产生压电效应。石英晶片受压力或拉力时，电荷的极性如图 2-13 所示。

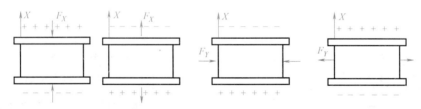

图 2-13　晶片受力方向与电荷极性的关系

压电式压力传感器是利用被测压力的变化引起传感器感应电荷量的变化，从而导致传感器敏感元件输出电压的改变这一物理现象来实现测量的，它是一种自发电型传感器，属于有源元件，但自身产生的电荷是个微小的量，需要进行前置放大。

2. 压电式传感器的其他应用

压电式传感器可用于力、压力、速度、加速度、振动等许多非电学量的测量，可制成力传感器、压力传感器、振动传感器等。图 2-14 所示的 5100 系列力传感器是一种利用石英晶体的纵向压电效应，将"力"转换

图 2-14　5100 系列压电式传感器外形图

成"电荷",通过二次仪表转换成电压的压电式力传感器。它具有气密性好、硬度高、刚度大、动态响应快等优点。目前,5110、5112、5114 和 5115 力传感器已组成各种锤头(钢、铝、尼龙、橡胶)型测力锤,可以测量动态力、准静态力和冲击力。

2.3 位移传感器

2.3.1 位移测量概述

位移是智能制造中最常见的被控量之一,有角位移和线位移之分,测量位移主要是为了控制被测物的移动距离、速度或加速度,进而控制它的空间位置或姿态,以实现制造过程的自动化、智能化。在航天、航空、电力、水利、石油化工、机械、军工、医疗、纺织、汽车、煤炭、地震监测等需要进行自动控制的行业,都有位移量检测的要求。用于位移量检测的传感器非常多,传统的有电位器式、电感式、电容式等,现代的有光栅式、光电式、光纤式等,不下几十类,上千种。

2.3.2 电位器式位移传感器

1. 工作原理

电位器式位移传感器通过电位器元件将机械位移转换成与之成线性或任意函数关系的电阻或电压输出。如图 2-15 所示为电位器式位移传感器的结构原理图,输入电压 U_i 不变,由于其中的可动电刷与被测物体相连,当被测物体移动时,输出电压 U_o 就会产生变化。

其工作原理是:物体的位移引起电位器移动端的电阻变化,阻值的变化量反映了位移的量值,阻值的增大还是减小则表明了位移的方向。输入与输出可用式(2-13)表示:

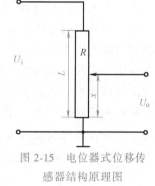

$$U_o = \frac{x}{L} U_i \qquad (2-13)$$

图 2-15 电位器式位移传感器结构原理图

式中,U_o 为传感器输出信号电压;x 为被测量位移;L 为传感器敏感电阻长度;U_i 为输入电压,可以是直流,也可以是交流。

电位器式传感器是最基本的电阻式传感器,它主要用于角位移和线位移的检测及电位的调节,在工业控制及家电产品中使用广泛。如火箭发射、飞机机翼、水轮机组、阀门位置、旋转阀位置、油缸、轴径跳动检测,阀位检测与控制,辊缝间隙控制,金属加工检测以及汽缸节气门位置、汽车悬挂梳、纺机、食品加工和机械手等,是一种很常见的传感器。

2. 精密导电塑料角位移传感器基本结构

最典型的电位器式角位移传感器是精密导电塑料角位移传感器,它主要由电阻体、转轴及电刷组件和壳体等几部分组成,整体结构如图 2-16 所示。其中,由导电塑料膜与绝缘基体组成的电阻体的制备是确保传感器精度的基础,电刷组件是保证传感器精度及其机械寿命的关键。

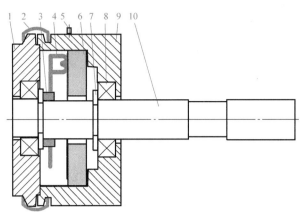

图 2-16　精密导电塑料角位移传感器结构原理图

1—端盖　2—紧固圈　3—绝缘套　4—双头电刷　5——输出接线柱

6—双轨电阻体　7—挡圈　8—轴承　9—底座　10—转轴

2.3.3　霍尔位移传感器

1. 霍尔效应

如图 2-17 所示，放置在磁场中的静止载流导体，当它的电流方向 I 与磁场方向 B 不一致时，载流导体上平行于电流和磁场方向上的两个面之间将会产生一定的电动势，这主要是由于导电粒子受到洛仑兹力的作用发生沿导体横向运动所致，这种物理现象叫霍尔效应。霍尔效应所产生的电压叫霍尔电压，它的形成过程分析如下：磁场 B 的方向垂直于导体正面，此时导体中的自由电子不仅在外加电压作用下运动，而且还受到磁场作用产生定

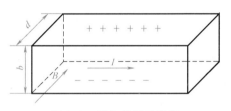

图 2-17　霍尔效应示意图

向移动，从而在导体的顶面堆积正电荷，底面堆积负电荷，因此形成了附加的内电场 E_{H}，称其为霍尔电场，其电位差为

$$U_{\mathrm{H}} = R_{\mathrm{H}} \frac{IB}{d} = K_{\mathrm{H}} IB \tag{2-14}$$

式中，U_{H} 为电位差；K_{H} 为霍尔灵敏度；B 为磁场的磁感应强度；I 为电流。

2. 霍尔式角位移传感器结构

霍尔式角位移传感器主要包括信号调理电路 9、柱形磁铁 2、轴承透盖 3、绝缘隔套 8、轴承座 4、尼龙轴套 7、转轴 6、开口挡圈 5 和后盖 11 等组成，如图 2-18 所示。

2.3.4　光栅、磁栅及容栅位移传感器

1. 光栅测量位移原理

光栅位移传感器利用光栅副产生的莫尔条纹进行位移的测量，它主要由光源系统、光栅副和光电接收元件所组成，如图 2-19 所示。图中光源 1 和凸透镜 2 构成光路系统；主光栅 3（又叫标尺光栅）和指示光栅 4 构成光栅副，一般指示光栅沿主光栅移动产生位移；5 为光

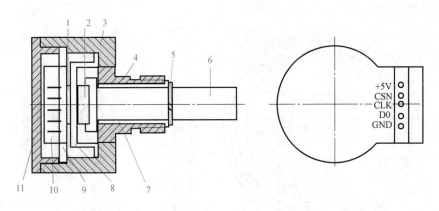

图 2-18　霍尔式角位移传感器结构原理

1—AS5045 霍尔元件　2—柱形磁铁　3—轴承透盖　4—轴承座　5—开口挡圈　6—转轴　7—尼龙轴套
8—绝缘隔套　9—信号调理电路　10—输出接口　11—后盖

电接收元件，将光栅副产生的莫尔条纹转变为电信号，其中光栅副是光栅传感器中最主要的部分。

主光栅和指示光栅的具体结构类型有长光栅和圆光栅两类，分别如图 2-20 和图 2-21 所示。长光栅用于测量线位移，圆光栅可测量角位移。圆光栅有两种，一种是径向光栅，其栅线的延长线全部通过圆心，另一种是切向光栅，其全部栅线与一个同心小圆相切，此小圆的直径很小，只有零点几毫米或几个毫米。

根据光路不同，光栅又可分透射光栅和反射光栅。透射光栅的栅线刻制在透明材料上，

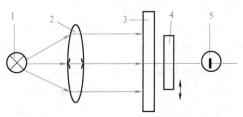

图 2-19　透射型光栅位移传感器光路原理图

1—光源　2—凸透镜　3—主光栅
4—指示光栅　5—光电接收元件

主光栅常用工业白玻璃，指示光栅最好用光学玻璃。反射光栅的栅线刻制在具有强反射能力的金属（如不锈钢）或玻璃的金属膜上。根据栅线的形式不同，光栅又可分为黑白光栅（也称幅值光栅）和闪耀光栅（也称相位光栅）。长光栅中有黑白光栅，也有闪耀光栅，而且两者都有透射和反射型。而圆光栅一般只有黑白光栅，主要是透射光栅。黑白透射光栅是在玻璃上刻制一系列平行等距的透光缝隙和不透光的栅线，栅线放大图如图 2-21b 所示。黑白反射光栅是在金属镜面上刻制全反射和漫反射间隔相等的栅线。在图 2-21b 中 a 为栅线宽度，b 为栅线缝隙宽度，相邻两栅线间的距离为 $W=a+b$，叫光栅常数（或栅距）。栅线密度 ρ 一般为 25~250 线/mm。这种栅线常用照相法复制或刻制而成。

图 2-20　长光栅结构示意图

a）长光栅结构示意图　b）栅线放大示意图

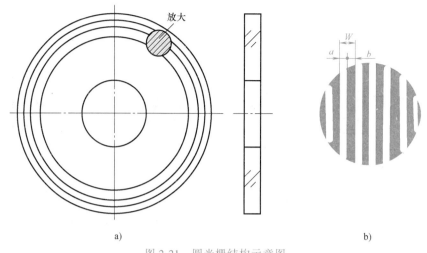

a)   b)

图 2-21　圆光栅结构示意图

a）圆光栅结构示意图　b）栅线放大示意图

闪耀光栅的栅线形状，如图 2-22 所示，其中 W 为光栅常数，栅线形状有对称型和非对称型。闪耀透射光栅直接在玻璃上刻制而成，而闪耀反射光栅则刻制在玻璃的金属膜上或者进行复制。其栅线密度一般为 150～2400 线/mm。

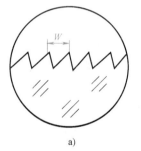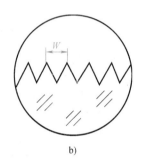

a)   b)

图 2-22　闪耀光栅的栅线形状

a）不对称型　b）对称型

2. 磁栅位移传感器

磁栅位移传感器的工作原理是：先用录磁设备将磁信号录制到磁栅上，在测量位移时由读磁头读取磁栅上预先录制的信号，再通过信号处理部分处理后就得到磁头与磁栅的相对位移量。

磁栅位移传感器由磁栅（又名磁尺）与磁头组成，是一种比较新型的位移传感器。磁栅一般由基体 1 和磁性薄膜 2 构成。磁栅基体 1 用非导磁材料（如玻璃、磷青铜等）制作，底面镀上一层均匀的磁性材料（即磁粉，如 Ni-Co 或 Co-Fe 合金等）构成的薄膜 2，并经过录磁后使其磁信号按规律排列。磁栅有长磁栅和圆磁栅两大类，长磁栅用于测量直线位移，圆磁栅用于测量角位移。长磁栅又有尺形、带形和同轴形，如图 2-23 所示。应用最多的是尺形磁栅（见图 2-23a）和带形磁栅（见图 2-23b），同轴形磁栅（见图 2-23c）结构特别小巧，适用于结构比较紧凑的场合。

3. 容栅位移传感器

容栅位移传感器借鉴了光栅的结构形式，将变面积式电容传感器的电极制成栅形，大大提高了测量的精度和范围，实现了大位移的高精度测量。它具有量程大、分辨率高、测量速度快、结构简单、与单片机接口方便、功耗小等许多优点，且为非接触式测量，使用寿命长，但易受使用环境的湿度和电磁干扰影响。

容栅位移传感器主要由定尺和动尺组成，定尺上印有若干组相互绝缘且均匀排列的反射

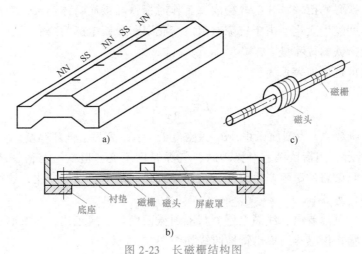

图 2-23　长磁栅结构图

a）尺形磁栅　b）带形磁栅　c）同轴形磁栅

电极和屏蔽电极，动尺上则印有若干组发射电极和一条接收电极，动尺与定尺间的电极构成若干对测量电容，动尺随被测位移移动时，与定尺间构成的电容对数就会产生变化，经过计数和辨向就能实现位移量的测量。直线容栅的结构原理示意图如图 2-24 所示：主要由动尺和定尺两部分组成，之间保持非常小的间隙。

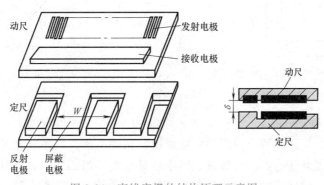

图 2-24　直线容栅的结构原理示意图

2.3.5　电感式位移传感器

2-3　电感式位移传感器

电感式传感器是利用被测量的变化引起线圈自感或互感的变化，从而导致线圈电感量改变这一物理现象来实现测量的，是测量微小位移和进行位置控制的主要传感器之一。

电感式传感器根据其工作原理不同，可分为自感式、互感式（也称差动式）和电涡流式三种。

1. 自感式传感器工作原理

自感式传感器可分为很多类型，其中变间隙型电感式位移传感器的结构示意图如图 2-25 所示。

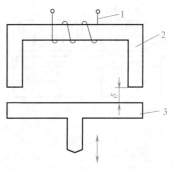

图 2-25　变间隙型电感式位移传感器

1—线圈　2—铁心　3—衔铁

它由线圈、铁心和衔铁等几部分构成，工作时衔铁与被测物体连接，被测物体的位移将引起空气隙的厚度发生变化。由于气隙磁阻的变化引起线圈电感的改变，通过测量电感的变化量就可以测量衔铁的位移量。

线圈的电感可近似地表示为

$$L = \frac{N^2 \mu_0 A}{2\delta} \tag{2-15}$$

式中，N 为线圈匝数；A 为截面面积；μ_0 为空气磁导率；δ 为空气隙厚度。

如图 2-26 所示，当衔铁做上下移动时，气隙厚度不变，但铁心与衔铁之间的覆盖面积会产生变化，引起磁路的磁阻产生改变，从而导致线圈的电感发生变化，这种形式称为变面积型电感式位移传感器。

由式（2-15）可以看出：线圈电感 L 与磁通截面面积 A 成正比，线圈电感 L 与空气隙厚度 δ 成反比。自感式传感器的输出特性曲线如图 2-27 所示。

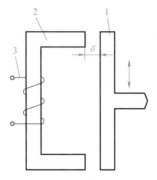

图 2-26　变面积型电感式位移传感器

1—衔铁　2—铁心　3—线圈

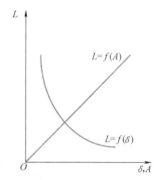

图 2-27　自感式传感器的输出特性曲线

2. 互感式传感器

在实际使用中，常采用两个相同的电感线圈共用一个衔铁，构成互感式（也称差动式）传感器，这样可以提高传感器的灵敏度，减小测量误差。图 2-28a～c 分别为变间隙型、变面积型及螺线管型这三种类型的互感式传感器的结构原理。互感式传感器的结构要求两个导磁体的几何尺寸及材料完全相同，两个线圈的电气参数和几何尺寸也要完全相同。

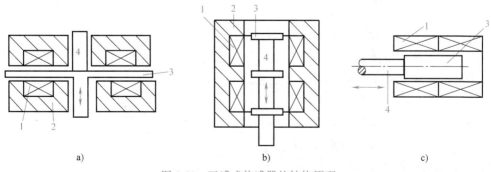

图 2-28　互感式传感器的结构原理

a）变间隙型　b）变面积型　c）螺线管型

1—线圈　2—铁心　3—衔铁　4—导杆

3. 电涡流式位移传感器

电涡流式位移传感器是利用位移变化引起涡流效应变化进行位移测量的位移式传感器。当通过金属导体的磁通变化时，就会在导体中产生感生电流，这种电流在导体中是自行闭合的，这就是电涡流。电涡流的产生必然要消耗一部分能量，从而使产生磁场的线圈阻抗发生变化，这一物理现象称为涡流效应。如图 2-29 所示，一个扁平线圈置于金属导体附近，当线圈中通有交变电流 $\dot{I}_1$ 时，线圈周围就产生一个交变磁场 $\dot{B}_1$。置于这一磁场中的金属导体就产生电涡流 $\dot{I}_2$，电涡流也将

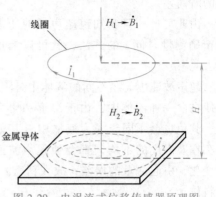

图 2-29　电涡流式位移传感器原理图

产生一个新磁场 $\dot{B}_2$，$\dot{B}_2$ 与 $\dot{B}_1$ 方向相反，因而抵消部分原磁场，使通电线圈的有效阻抗发生变化。由于涡流效应不直接接触，所以电涡流式位移传感器可以实现非接触式位移测量，也可以利用涡流效应进行无损探伤。

2.3.6　超声波位移传感器

超声波传感器是利用超声波的特性，实现自动检测的测量元件。声波是一种机械波，声的发生是由于发声体的机械振动，引起周围弹性介质中质点的振动由近及远的传播，这就是声波。人耳所能听闻的声波频率范围是 $20 \sim 20000\text{Hz}$，频率在此范围以外的声波不能引起声音的感觉。频率超过 20000Hz 的叫超声波，频率低于 20Hz 的叫次声波。超声波的频率可以高达 10^{11}Hz，而次声波的频率可以低至 10^{-8}Hz。超声波是一种在弹性介质中的机械振荡，它是由与介质接触的振荡源所引起的。设有某种弹性介质及振荡源，如图 2-30 所示。振荡源在介质中可产生两种形式的振荡，即横向振荡（见图 2-30a）和纵向振荡（见图 2-30b）。横向振荡只能在固体中产生，而纵向振荡可在固体、液体和气体中产生。为了测量在各种状态下的物理量多数采用纵向振荡。

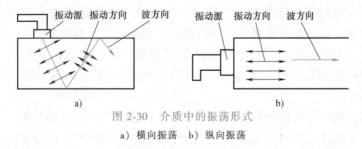

图 2-30　介质中的振荡形式

a）横向振荡　b）纵向振荡

超声波测液位是利用回声原理进行工作的，如图 2-31 所示。当超声波探头向液面发射短促的超声脉冲，经过时间 t 后，探头接收到从液面反射回来的回音脉冲。因此，探头到液面的距离 L 可由下式求出

$$L = \frac{1}{2}ct \tag{2-16}$$

式中，c 为超声波在被测介质中的传播速度；t 为超声波发生器从发出超声波到接收到超声

波的时间差。

由此可见，只要知道超声波的速度，通过精确测量时间 t 的方法，就可以测量出距离 L。

超声波速度 c 在不同的液体中是不同的，即使在同一种液体中，由于温度和压力的不同，其值也会不同。因为液体中有其他成分

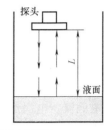

图 2-31　超声波测液位示意图

的存在及温度的不均匀都会使超声波速度发生变化，引起测量的误差，故在精密测量时，要考虑采取补偿措施。利用这种方法也可以测量料位。

2.4　速度传感器

2.4.1　速度测量概述

速度也是智能控制系统中最常见的被控量之一，有角速度和线速度两种，角速度一般表现为轴的转速，线速度则与生产过程中设备或产品的运动快慢有关，涉及生产的效率和设备运行的安全。测量速度主要是为了控制被测物的移动快慢、产品生产质量和效率等，进而控制它的空间位置或运行状态，以实现生产过程的自动化。用于速度量检测的传感器非常多，有磁电式、光电式、光纤式等。

2.4.2　磁电式速度传感器

磁电式传感器是最基本的速度传感器之一，它是目前最主要的测速传感器，在工业控制及家电产品中广泛使用，而且它还可用于其他物理量的检测，如位移、磁场、电流等，用途十分广泛。在航空、机械、冶金、建筑、石油化工等诸多行业都有应用，是一种很常见的传感器。

2-4　磁电式速度传感器

霍尔传感器（也叫霍尔元件）是一种基于霍尔效应的典型的磁电式传感器，已发展成一个品种多样的磁电传感器产品系列，并已得到广泛的应用，这里所介绍的磁电式传感器就是指霍尔传感器。按图 2-32 所示的各种方法设置磁体，将它们和霍尔开关电路组合起来便可以构成各种旋转传感器。霍尔电路通电后，磁体每经过霍尔电路一次，便输出一个电压脉冲。

由此，可对转动物体实施转数、转速、角度、角速度等物理量的检测。在转轴上固定一个叶轮和磁体，用流体（气体、液体）去推动叶轮转动，便可构成流速、流量传感器。在转轴上装上磁体，在靠近磁体的位置装上霍尔开关电路，可制成速度表、里程表等。

如图 2-33 所示的壳体内装有一个带磁体的叶轮，磁体旁装有霍尔开关电路，被测流体从管道一端通入，推动叶轮带动与之相连的磁体转动，经过霍尔元件时，电路输出脉冲电压，由脉冲的数目可以得到流体的流速。若知道管道的内径，可由流速和管径求得流量。

由图 2-34 可见，经过简单的信号转换，便可得到数字显示的车速。

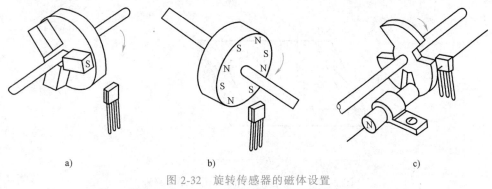

图 2-32 旋转传感器的磁体设置

a) 径向磁极 b) 轴向磁极 c) 遮断式

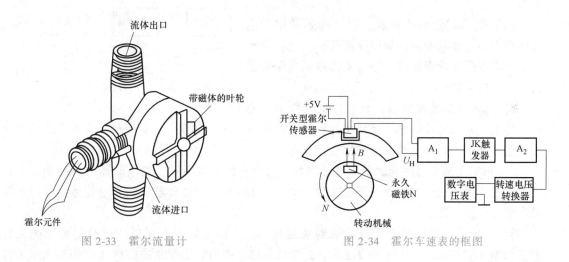

图 2-33 霍尔流量计

图 2-34 霍尔车速表的框图

2.4.3 光电式速度传感器

光电式测速传感器是用途最广泛的速度传感器,它可以用于角速度和线速度的在线检测,在工业控制及家电产品中都有使用。如火箭发射、飞机机翼、水轮机组、阀门位置、旋转阀位置、油缸、轴径跳动检测,阀位检测与控制,辊缝间隙控制,金属加工检测以及气缸节气门位置、汽车悬挂梳、纺机、食品加工和机械手,等等,是一种很常见的多用途传感器。

光电传感器是一种小型电子设备,它可以检测出其接收到的光强的变化。光电元件是光电传感器中最重要的部件,常见的有真空光电元件和半导体光电元件两大类。图 2-35 所示为常见的半导体光电元件——光敏电阻,在光线的作用下其阻值往往会变小,这种现象称为光导效应,因此,光敏电阻又称光导管。

光电传感器通常由光源、光学通路和光电元件三部分组成,如图 2-36 所示。图中,Φ_1 是光源发出的光信号,Φ_2 是光电气件接受的光信号,被测量可以是 x_1 或者 x_2,它们能够分别造成光源本身或光学通路的变化,从而影响传感器输出的电信号 I。光电传感器设计灵活、形式多样,在越来越多的领域内得到广泛的应用。

按照光电传感器中光电元件输出电信号的形式可以将光电传感器分为模拟式和脉冲式两

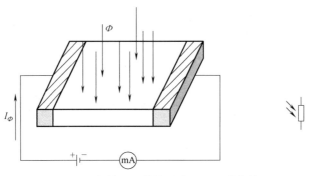

图 2-35　光敏电阻结构示意图及图形符号

大类。

（1）模拟式光电传感器。这种传感器中光电
元件接受的光通量随被测量连续变化，因此，输出
的光电流也是连续变化的，并与被测量呈确定的函
数关系，这类传感器通常有以下四种形式。

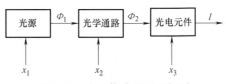

图 2-36　光电传感器原理框图

1）光源本身是被测物，它发出的光投射到光
电元件上，光电元件的输出反映了光源的某些物理参数，如图 2-37a 所示。这种形式的光电
传感器可用于光电比色高温计和照度计。

2）恒定光源发射的光通量穿过被测物，其中一部分被吸收，剩余的部分投射到光电元
件上，吸收量取决于被测物的某些参数，如图 2-37b 所示。这种形式的光电传感器可用于测
量透明度、混浊度。

3）恒定光源发射的光通量投射到被测物上，由被测物表面反射后再投射到光电元件
上，如图 2-37c 所示。反射光的强弱取决于被测物表面的性质和状态，因此可用于测量工件
表面粗糙度、纸张的白度等。

4）从恒定光源发射出的光通量在到达光电元件的途中受到被测物的遮挡，使投射到光
电元件上的光通量减弱，光电元件的输出反映了被测物的尺寸或位置，如图 2-37d 所示。这
种传感器可用于工件尺寸测量、振动测量等场合。

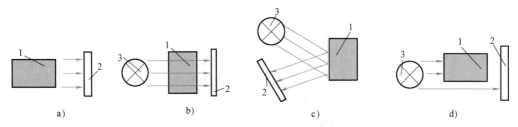

图 2-37　模拟式光电传感器的常见形式

a）被测量是光源　b）被测量吸收光通量　c）被测量是有反射能力的表面　d）被测量遮蔽光通量

1—被测物　2—光电元件　3—恒光源

（2）脉冲式光电传感器。在这种传感器中，光电元件接受的光信号是断续变化的，因
此光电元件处于开关工作状态，它输出的光电流通常是只有两种稳定状态的脉冲形式的信

号，多用于光电计数和光电式转速测量等场合。

速度测量装置的示意图如图 2-38 所示，将信号盘固定在电动机转轴上，光电转速传感器正对着信号盘。光电转速传感器接有 4 根导线，其中黑线、黄线为电源输入线，红线为信号输出线，白线为共地

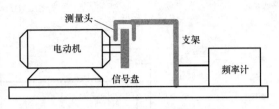

图 2-38　速度测量装置结构示意图

线。测量头由光电转速传感器组成，而且测量头两端的距离与信号盘的距离相等。测量头用器件封装后，固定装在贴近信号盘的位置，当信号盘转动时，光电元件即可输出正负交替的周期性脉冲信号。信号盘旋转一周产生的脉冲数，等于其上的齿数。因此，脉冲信号的频率大小就反映了信号盘转速的高低。该装置的优点是输出信号的幅值与转速无关，精确度高。如果将此装置外接放大、A/D 转换和数字显示单元，则可成为数字式转速表。

这种测速法采用频率测量法，其测量原理为：在固定的测量时间内，计取转速传感器发生的脉冲个数（即频率），从而算出实际转速。设固定的测量时间 T（单位：min）内，计数器计取的脉冲个数为 N，则被测转速为

$$n = \frac{N}{60T} \ (\text{r/min}) \tag{2-17}$$

2.4.4　光纤速度传感器

光纤传感器是近代发展起来的新型测速传感器之一，随着光纤新材料的不断出现，以及光电转换原理和信号处理技术的完善，这一新型传感器得到了越来越多的实际应用。它主要用于角速度和线速度的检测及电位的调节，在工业控制及家电产品中使用广泛。如火箭发射、飞机机翼、水轮机组、阀门位置、旋转阀位置、油缸、轴径跳动检测，阀位检测与控制，辊缝间隙控制，金属加工检测以及气缸节气门位置、汽车悬挂梳、纺机、食品加工和机械手等，是一种很常见的传感器。

光纤由导光的芯体玻璃（称为纤芯）和包层玻璃膜组成。包层的外面用塑料或橡胶制成外护套保护着纤芯和包层，使光纤具有一定的机械强度。纤芯由比头发丝还细的玻璃、石英和塑料等透明度良好的电介质构成，其折射率略大于包层的折射率，一般包层直径为几微米到几十微米。

光纤位移传感器检测电动机转速的原理如图 2-39 所示。图中 1 为固定支架，起到固定传感器的作用；2 是电动机调速电源，可对电动机进行转速调整；3 为电动机；4 是传感器光纤，它是反射光强调制型光纤；5 为光纤的光源；6 是光纤传感器的光电转换装置模块，它将反射光转换成电压信号；输出的电压信号经差动放大和低通滤波器滤波后由示波器和频率计显示出来，根据输出信号的频率可得电动机的转速。

2.4.5　激光速度传感器

激光传感器虽然具有各种类型，但它们都是将外来的能量（电能、热能、光能等）转化为一定波长的光，并以光的形式发射出来。激光传感器是由激光发生器、激光接收器及其相应的电路所组成的。车速测量仪采用小型半导体砷化镓（GaAs）激光器，其发散角的范

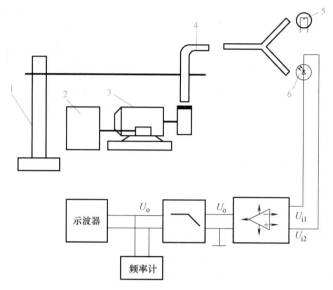

图 2-39　转速测量系统原理框图

1—固定支架　2—电动机调速电源　3—电动机　4—传感器光纤

5—光纤光源　6—光电转换装置模块

围为 15°～20°，发光波长为 0.9μm。其光路系统如图 2-40 所示，图中 1 是激光源；2 为发射透镜；3 为接收透镜；4 为光敏元件。砷化镓激光器及光敏元件分别置于透镜的焦点上，砷化镓激光经发射透镜 2 成平行光射出，再经接收透镜 3 会聚于光敏元件。根据阻隔 1m 激光距离所耗费的时间，就可以算出速度的值。

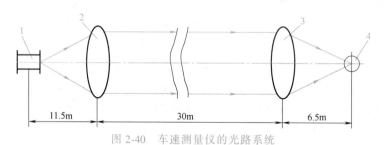

图 2-40　车速测量仪的光路系统

1—激光源　2—发射透镜　3—接收透镜　4—光敏元件

2.5　温度传感器

2.5.1　温度测量概述

温度是很多工业产品生产过程中最为关键的工艺参数之一，如化工产品、轻工产品、农产品、冶金产品等。温度检测主要是为了保证产品生产过程中各个工艺环节的正常温度，进而确保产品品质并实现生产过程的自动化控制。在航天、航空、电力、水利、石油化工、机械、军工、医疗、纺织、汽车、煤炭、地震监测等需要进行自动控制的行业中，几乎都有检测和控制温度的需要。用于温度检测的传感器有许多，传统的有电阻式、热电式、集成式等，现代的有红外式、半导体式等；根据输出信号的类型可分为模拟式和数字式两大类。

2.5.2　热电阻与热敏电阻

热电阻和热敏电阻是目前使用最广泛的温度检测与控制用传感器，也是比较传统的温度传感器。随着生产过程自动化程度的不断提高，绝大多数工业产品在生产过程中都需要对环境温度或工艺温度进行精确控制，需要用到温度传感器。热电阻主要用于产品生产现场的温度检测，热敏电阻则主要用于生产设备关键部件及电子电路中关键器件的温度控制。

1. 热电阻

热电阻是中低温区最常用的一种温度检测传感器。它的主要特点是测量精度高，性能稳定。其中铂热电阻的测量精确度是最高的，它不仅广泛应用于工业测温，而且被制成标准的温度基准仪。铂电阻的电阻值与温度之间的关系可用下式表示

$$R_t = \begin{cases} R_0(1+At+Bt^2) & (0\sim650℃) \\ R_0[1+At+Bt^2+C(t-100)t^3] & (-200\sim0℃) \end{cases} \quad (2\text{-}18)$$

式中，R_t 为温度为 t 时的电阻值；R_0 为温度为 $0℃$ 时的电阻值；A 为常数，$A = 3.96847 \times 10^{-3}$；$B$ 为常数，$B = 5.847 \times 10^{-7}$；C 为常数，$C = -4.22 \times 10^{-12}$。

2. 热敏电阻

热敏电阻是一种利用半导体制成的敏感元件，其特点是电阻率随温度而显著变化。热敏电阻因其电阻温度系数大、灵敏度高、热惯性小、反应速度快、体积小、结构简单、使用方便、寿命长、易于实现远距离测量等特点得到广泛的应用。

热敏电阻的阻值与温度之间的关系可以表示为

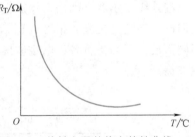

$$R_T = R_0 e^{B\left(\frac{1}{T}-\frac{1}{T_0}\right)} \quad (2\text{-}19)$$

式中，R_T 为温度 T 时的电阻值；R_0 为温度为 T_0 时的电阻值；B 为常数，由材料、工艺及结构决定。热敏电阻的热电特性曲线如图2-41所示。

图2-41　热敏电阻的热电特性曲线

根据电阻值的温度特性，热敏电阻有正温度系数热敏电阻（PTC）、负温度系数热敏电阻（NTC）和临界热敏电阻几种类型。热敏电阻的结构可以分为柱状、片状、珠状和薄膜状等形式。

2.5.3　热电偶传感器

由于热电偶是一种有源传感器，测量时不需外加电源，使用十分方便，所以常被用作测量炉子、管道内的气体或液体的温度及固体的表面温度。

2-5　热电偶传感器

有两种不同的导体或半导体 A 和 B 组成一个回路，其两端相互连接（见图2-42），且两接点处的温度不同，一端温度为 T，称为工作端或热端，另一端温度为 T_0，称为自由端（也称参考端）或冷端，回路中将产生一个电动势，该电动势的方向和大小与导体的材料及两接点的温度有关。这种现象称为热电效应，两种导体组成的回路称为热电偶，这两种导体称为热电极，产生的电动势则称为热电动势。

国际电工委员会（IEC）向世界各国推荐七种标准型热电偶。我国生产的符合 IEC 标准的热电偶包括铂铑$_{30}$—铂铑$_6$ 热电偶（即 B 型）、铂铑$_{10}$—铂热电偶（即 S 型）、镍铬—镍铝热电偶（即 K 型）、镍铬—康铜热电偶（即 E 型）、铁—康铜热电偶（J 型）、铜—康铜热电偶（T 型）、铂铑$_{13}$—铂（即 R 型）。图 2-43 所示为热电偶温度变送器实物。

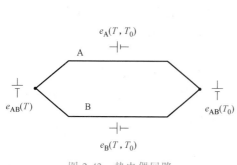

图 2-42　热电偶回路

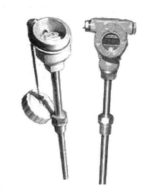

图 2-43　热电偶温度变送器实物

2.5.4　红外辐射式温度传感器

对于不适合接触式测量的高温和超高温场合，需要用到非接触式测温方式，红外辐射是自然界所有物体都具有的普遍特性，红外辐射式温度传感器是已经得到广泛应用的一种非接触式测温方法。这里主要探讨红外辐射温度传感器的结构原理、测量电路及其应用情况。

红外线传感器是利用物体产生红外辐射的特性，实现自动检测的传感器。在物理学中，我们已经知道可见光、不可见光、红外光及无线电等都是电磁波，它们之间的差别只是波长不同而已。下面是将各种电磁波按照波长（或频率）排成如图 2-44 所示的波谱图，称为电磁波谱。

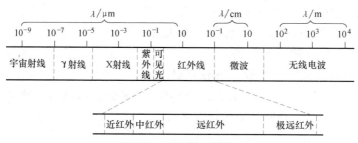

图 2-44　电磁波波谱图

红外线属于不可见光波的范畴，它的波长范围一般为 $0.76 \sim 600 \mu m$，而红外区通常又可分为近红外、中红外、远红外和极远红外。

能把红外辐射转换成电学量变化的装置，称为红外传感器，主要有热敏型和光电型两大类。热敏型是利用红外辐射的热效应制成的，其核心是热敏元件。热敏元件的响应时间长，一般在毫秒数量级以上。光电型是利用红外辐射的光电效应制成的，其核心是光电元件。因此它的响应时间一般比热敏型短得多，最短的可达到微秒数量级。

在锻造厂里，工件在锻造之前需要在加热炉内加热到 900℃，其误差不得超过 ±5℃，否则会影响锻件的质量，所以控制锻件的温度是个关键问题，采用红外辐射测温计，通过加热炉口可以直接对准工件的表面，从而测量出工件的温度，如图 2-45 所示。当锻件加热到 900℃时，红外探测器便输出电信号，起动电动机将锻件从加热炉中由传送带送到锻锤之下进行锻压加工。这样利用红外探测器就可对整个工作过程实现自动控制。

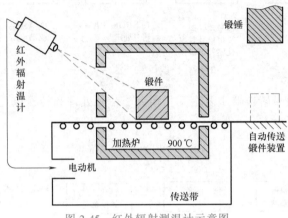

图 2-45 红外辐射测温计示意图

2.6 智能传感器

2.6.1 智能传感器简介

智能传感器（Intelligent Sensor 或 Smart Sensor）是 20 世纪 70 年代初出现的，随着微处理器技术的迅猛发展及测控系统自动化、智能化的发展，要求传感器准确度高、可靠性高、稳定性好，而且具备一定的数据处理能力，并能够自检、自校、自补偿。近年来，随着微处理器技术、信息技术、检测技术和控制技术的迅速发展，对传感器提出了更高的要求，不仅要具有传统的检测功能，而且要具有存储、判断和信息处理功能，促使传统传感器产生了一个质的飞跃，由此诞生了智能传感器。所谓智能传感器，就是一种带有微处理器的，兼有信息检测、信号处理、信息记忆、逻辑思维与判断功能的传感器。即智能传感器就是将传统的传感器和微处理器及相关电路组成一体化的结构。

智能传感器可以对信号进行检测、分析、处理、存储和通信，具备了人类的记忆、分析、思考和交流的能力，即具备了人类的智能。所以称之为智能传感器。

计算机软件在智能传感器中起着举足轻重的作用。由于"电脑"的加入，智能传感器可通过各种软件对信息检测过程进行管理和调节，使之工作在最佳状态，从而增强了传感器的功能，提升了传感器的性能。此外，利用计算机软件能够实现硬件难以实现的功能，因为以软件代替部分硬件，可降低传感器的制作难度。

智能传感器系统一般构成框图如图 2-46 所示。其中作为系统"大脑"的微型计算机，可以是单片机、单板机，也可以是微型计算机系统。

以智能温度传感器为例，它可以将温度变量转换为可传送的标准化输出信号，并用于工业过程温度参数的测量和控制。智能温度传感器的原理框图如图 2-47 所示，前端敏感元件

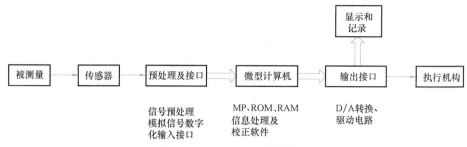

图 2-46　智能传感器的结构框图

是热电偶或热电阻,信号转换器主要由测量单元、信号处理和转换单元组成,同时增加显示单元和现场总线功能。

图 2-47　智能温度传感器的原理框图

2.6.2　智能传感器的分类

智能传感器按其结构分为模块式智能传感器、混合式智能传感器和集成式智能传感器三种。

2-6　智能传感器的分类

1. 模块式智能传感器

这种智能传感器由许多互相独立的模块组成。将微型计算机、信号处理电路模块、输出电路模块、显示电路模块和传感器装配在同一壳体内,组成模块式智能传感器。这种传感器的集成化程度不高、体积较大,但比较实用。模块式智能传感器一般由如图 2-48 所示的几个部分构成。

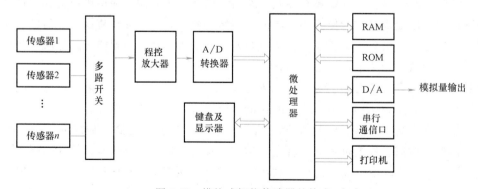

图 2-48　模块式智能传感器的构成

2. 混合式智能传感器

混合式智能传感器将传感器、微处理器和信号处理电路等各个部分以不同的组合方式集成在几个芯片上,然后装配在同一壳体内。目前,混合式智能传感器作为智能传感器的主要类型而被广泛应用。ST3000 系列传感器就是最典型的混合式智能传感器。

ST3000 系列传感器的原理结构如图 2-49 所示。ST3000 系列智能压力、差压传感器，就是根据扩散硅应变电阻原理进行工作的。在硅杯上除制作了感受电压的应变电阻外，还同时制作出感受温度和静压的元件，即把电压、温度、静压三个传感器中的敏感元件都集成在一起，组成带补偿电路的传感器，将电压、温度、静压这三个变量转换成三路电信号，分时采集后送入微处理器。微处理器利用这些数据信息，能产生一个高精确度的输出。图 2-49 中的 ROM 里存有微处理器工作的主程序。PROM 里所存内容则根据每台变送器的压力特性、温度特性而有所不同，它是在加工完成之后，经过逐台检验，分别写入各自的 PD 中使之依照其特性自行修正，保证在材料工艺稍有分散性因素下仍然能获得较高的精确度。

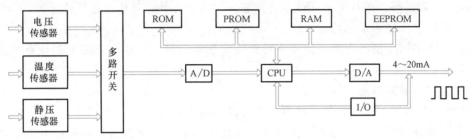

图 2-49　ST3000 系列传感器的原理结构

3. 集成式智能传感器

集成式智能传感器将一个或多个敏感元件与微处理器、信号处理电路集成在同一芯片上。它的结构一般是三维器件，即立体器件。这种结构是在平面集成电路的基础上，一层一层向立体方向制作多层电路。这种传感器具有类似于人的五官与大脑相结合的功能。它的智能化程度是随着集成化程度提高而不断提高的。目前，集成式智能传感器技术正在起步，势必在未来的传感器技术中发挥重要的作用。如图 2-50 所示为三维多功能单片智能传感器的结构。

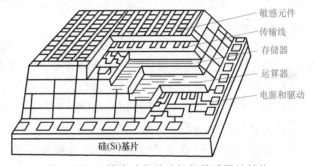

图 2-50　三维多功能单片智能传感器的结构

构。在硅片上分层集成了敏感元件、传输线、存储器、运算器、电源和驱动等多个部分，将光电转换等检测功能和特征抽取等信息处理功能集成在同一块硅基片上。利用这种技术，可实现多层结构，将传感器功能、逻辑功能和记忆功能等集成在一块硅基片上，这是集成式智能传感器的一个重要发展方向。

2.6.3　智能传感器的功能与特点

1. 智能传感器的功能

智能传感器是具有判断能力、学习能力和创造能力的传感器。智能传感器具有以下功能：

① 具有自校准功能。操作者输入零值或某一标准量值后，自校准软件可以自动地对传

感器进行在线校准。

② 具有自补偿功能。智能传感器在工作中可以通过软件对传感器的非线性、温度漂移、响应时间等进行自动补偿。

③ 具有自诊断功能。智能传感器在接通电源后,可以对传感器进行自检,检查各部分是否正常。在内部出现操作问题时,能够立即通知系统,通过输出信号表明传感器发生故障,并可诊断出发生故障的部件。

④ 具有数据处理功能。智能传感器可以根据内部的程序自动处理数据,如进行统计处理、剔除异常数值等。

⑤ 具有双向通信功能。智能传感器的微处理器与传感器之间构成闭环,微处理器不但能够接收、处理传感器的数据,还可以将信息反馈至传感器,对测量过程进行调节和控制。

⑥ 具有信息存储和记忆功能。

⑦ 具有数字信号输出功能。智能传感器输出数字信号,可以很方便地和计算机或接口总线相连。

2. 智能传感器的特点

与传统的传感器相比,智能传感器主要有以下特点:

① 利用微处理器不仅能提高传感器的线性度,而且能够对各种特性进行补偿。微处理器将传感器元件特性的函数及其参数记录在存储器上,利用这些数据可进行线性度及各种特性的补偿。即使传感元件的输入输出特性是非线性关系,也不要紧,重要的是传感元件具有良好的重复性和稳定性。

② 提高了测量可靠性,测量数据可以存取,使用方便。对异常情况可做出应急处理,如报警或故障显示。

③ 测量精度高,对测量值可以进行各种零点自校准和满度校正,可以进行非线性误差补偿等多项新技术,因此测量精度及分辨率都得到了大幅度提高。

④ 灵敏度高,可进行微小信号的测量。

⑤ 具有数字通信接口,能与微型计算机直接连接,相互交换信息。

⑥ 多功能。能进行多参数、多功能的测量,是新型智能传感器的一大特色。

⑦ 超小型化、微型化、微功耗。随着微电子技术的迅速推广,智能传感器正朝着短、小、轻、薄的方向发展,以满足航空、航天及国际尖端技术领域的需求,并且为开发便携式、袖珍式检测系统创造了有利条件。

图 2-51 是一种智能应力传感器的硬件结构图。智能应力传感器用于测量飞机机翼上各个关键部位的应力大小,并判断机翼的工作状态是否正常以及故障情况。它共有 6 路应力传感器和 1 路温度传感器,其中每一路应力传感器由 4 个应变片构成的全桥电路和前级放大器组成,用于测量应力大小。温度传感器用于测量环境温度,从而对应力传感器进行误差修正。采用单片机作为数据处理和控制单元。多路开关根据单片机发出的命令轮流选通各个传感器通道,0 通道作为温度传感器通道,1~6 通道分别为 6 个应力传感器通道。程控放大器则在单片机的命令下分别选择不同的放大倍数对各路信号进行放大。该智能式传感器具有较强的自适应能力,可以判断工作环境因素的变化,进行必要的修正,以保证测量的准确性。

通用的智能传感器具有测量、程控放大、转换、处理、模拟量输出、打印键盘监控及通过串口与计算机通信的功能,其软件采用模块化和结构化的设计方法,其软件结构如图 2-52

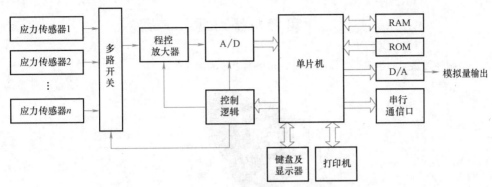

图 2-51 智能应力传感器的硬件结构图

所示。主程序模块完成自检、初始化、通道选择以及各个功能模块调用的功能；其中信号采集模块主要完成数据滤波、非线性补偿、信号处理、误差修正以及检索查表等功能；故障诊断模块的任务是对各个应力传感器的信号进行分析，判断设备各部分的工作状态及是否存在损伤或故障。

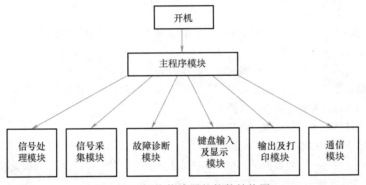

图 2-52 智能传感器的软件结构图

目前，智能传感器正向单片集成化的方向发展，借助于半导体技术将传感器部分与信号放大调理电路、接口电路和微处理器等制作在同一块芯片上，从而形成大规模集成电路。最终目标是具有对外界信息进行检测、逻辑判断、自行诊断、数据处理、自适应能力的集成一体化多功能传感器。

思政小贴士：国产月球车，自主传感器

玉兔号月球车是由移动、结构与机构、导航控制、综合电子、电源、热控、测控数传和有效载荷等多个分系统组成。它以太阳能为能源，能够耐受月表真空、强辐射、极限温度等极端环境。玉兔号月球车携带了全景相机、测月雷达、红外成像光谱仪、粒子激发 X 射线谱仪 4 台科学探测仪器进行巡视探测。全景相机可 360° 旋转和 90° 俯仰拍摄周边图像，是一套自主视觉导航系统，可随时了解前方有没有障碍等，进而根据实际地形情况自行做出所需的"决策"。它的成像方式为彩色成像与全色成像交替切换，成像距离大于 3 米，可以对着陆区与巡视区进行月表光学成像，调查巡视区月表地形地貌，研究巡视区撞击坑和月球地质等。

【思考与练习题】

2.1　请阐述传感器的组成，并以图 2-53 所示的测温枪为例来说明。

图 2-53　题 2.1 图

2.2　请阐述传感器的技术指标。请下载测温枪的说明书，说明其中 3 个技术指标含义。

2.3　力传感器的应用场合有哪些？

2.4　应变式、压阻式、压电式和电容式力传感器的工作原理分别是什么？

2.5　位移传感器在机床加工中的作用是什么？请说出几种常见的机床加工位移测量传感器。

2.6　旋转机构的速度测量方式有哪几种？

2.7　测量电动机的温度一般用哪种传感器？请说明原因。

2.8　电感传感器用于振动测量时有何优越性？

2.9　应用超声波传感器探测工件时，在探头与工件接触处要有一层耦合剂，请问这是为什么？

2.10　请用图来表示模块式智能传感器的构成原理。

2.11　在如图 2-54 所示的 3 种温度传感器中选择合适的产品，组成智能温度传感器。

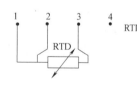 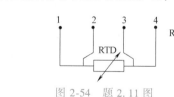 

图 2-54　题 2.11 图

第3章

智能控制技术

导读

　　智能控制技术是控制论的技术实现应用，是通过具有一定控制功能的控制系统，来完成某种控制任务，保证某个过程按照预想智能化进行，或者自主实现某个预设的目标。在本章中主要介绍了 PLC、变频器和伺服这三种应用最广泛的控制技术。PLC 作为控制技术来说，最大的问题在于它的不通用，尽管它产生于 1968 年并已经大量应用于工业生产，而 IEC 61131-3 编程语言标准的出现则为 PLC 的进一步规范发展奠定了基础。PLC 的逻辑控制是众所周知的，而模糊控制则是目前非常先进的技术之一，两者的结合也在工业智能化生产中得到了一定的应用。变频器和伺服控制是电动机智能控制的最重要技术，通过执行控制器的指令来控制电动机，进而驱动机械装备的运动部件，实现对装备的速度、转矩和位置控制，可广泛应用于高精度数控机床、机器人、纺织机械、印刷机械、包装机械、自动化流水线以及各种专用设备。

知识图谱

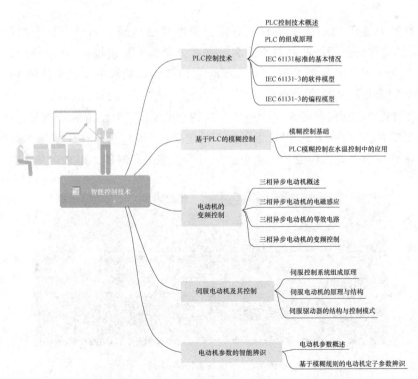

3.1 PLC 控制技术

3.1.1 PLC 控制技术概述

3-1 PLC 控制技术概述

在制造业的自动化生产线上，各道工序都是按预定的时间和条件顺序执行的，对这种自动化生产线进行控制的装置称为顺序控制器。以往，顺序控制器主要是由继电器组成，一旦改变生产线工序、执行次序或条件，硬件连线也需要随之改变。随着大规模集成电路和微处理器在顺序控制器中的应用，顺序控制器开始采用类似微型计算机的通用结构，把程序存储于存储器中，用软件实现开关量的逻辑运算、延时等过去用继电器完成的功能，形成了可编程序逻辑控制器（Programmable Logic Controller，PLC）。现在它已经发展成除了可用于顺序控制，还具有数据处理、故障自诊断、PID 运算、通信联网等能力的多功能控制器。

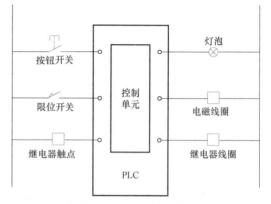

图 3-1 PLC 逻辑控制电路

图 3-1 是 PLC 应用于逻辑控制的案例。输入信号由按钮开关、限位开关、继电器触点等提供各种开关信号，并通过接口进入 PLC，经 PLC 处理后产生控制信号，通过输出接口送给线圈、继电器、指示灯、电动机等输出装置。

目前，世界上生产 PLC 的工厂有上百家，总产量已达到千万台，其中西门子、三菱、Rockwell、通用电气等公司的产品最为著名，这些公司为开拓市场，竞争十分激烈，竞相发展新的机型系列。而我国在 PLC 技术上，不论是 PLC 的制造水平，还是使用 PLC 的广度与深度，与发达国家相比差距仍比较大。

如图 3-2 和图 3-3 所示，分别是西门子推出的小型 PLC S7-1200 和中大型 PLC S7-1500。

国际电工委员会（IEC）对 PLC 做了如下的定义："PLC 是一种数字运算操作的电子系统，专为在工业环境下应用而设计。它可采用可编程序的存储器，用来在其内部存储执行逻

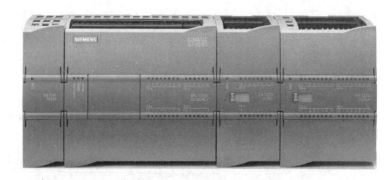

图 3-2 PLC S7-1200 外观

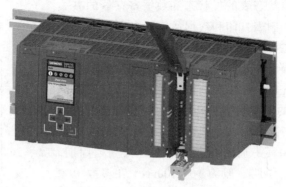

图 3-3　PLC S7-1500 外观

辑运算、顺序控制、定时、计数和算术运算等操作的命令，并通过数字式、模拟式的输入和输出，控制各种类型的机械和生产过程。PLC 及其有关设备，都应按照易于与工业控制系统联成一个整体，易于扩充功能的原则而设计。"

3.1.2　PLC 的组成原理

PLC 实际上是一个专用计算机，它的结构组成与通用计算机基本相同（见图 3-4），主要包括 CPU、存储器、接口模块、外部设备、编程器等。

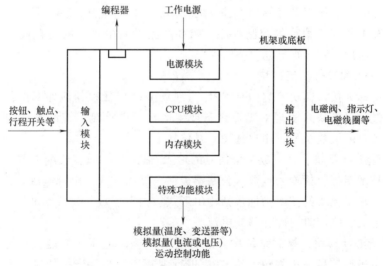

图 3-4　PLC 的组成

1. CPU 模块

与通用计算机一样，PLC 的 CPU 按系统程序的要求，接收并存储从编程器输入的用户程序和数据；用扫描的方式接收现场输入装置的状态和数据，并存入输入状态表或数据寄存器中；诊断电源、内部电路的故障和编程过程中的语法错误等。PLC 进入运行状态后，从存储器逐条读入用户程序，经过命令解释后按指令规定的任务产生相应的控制输出，启动有关的控制门电路，分时、分渠道地执行数据的存取、传送、组合、比较和变换等工作；完成用户程序规定的逻辑和算术运算等任务；根据运算结果更新有关标志位的状态和输出状态寄存器的内容，再由输出状态表的位状态和数据寄存器的有关内容，实现输出控制、制表打印和数据通信等内容。

PLC 的运行方式主要采取扫描工作机制，这是它和微处理器的本质区别。扫描工作机制就是按照定义和设计的要求连续和重复地检测系统输入，求解目前的控制逻辑，以及修正系统输出。在 PLC 的典型扫描机制中，I/O 服务处于扫描周期的末尾，并且为扫描计时的组成部分。这种典型的扫描称为同步扫描。扫描循环一周所花费的时间称为扫描周期。根据不同的 PLC，扫描周期一般为 10 ~ 100ms。在多数 PLC 中，都设有一个"看门狗"计时器，测量每一次扫描循环的长度，如果扫描时间超过预设的长度（例如 150 ~ 200ms），系统将激发临界警报。如图 3-5 所示，在同步扫描周期内，除 I/O 扫描之外，还有服务程序、通信窗口、内部执行程序等。

```
    启动
      ↓
   服务程序
      ↓
   通信窗口
      ↓
   内部执行
   程序(自诊断)
      ↓
   逻辑方程求解
      ↓
    I/O 扫描
```

图 3-5 PLC 的扫描工作机制

2. 内存模块

内存模块分为系统程序存储器和用户程序存储器。系统程序存储器的作用是存放监控程序、命令解释、功能子程序、调用管理程序和各种系统参数等。系统程序是由 PLC 生产厂家提供的，并固化在存储器中。

用户程序存储器的作用是存储用户编写的梯形逻辑图等程序。用户程序是使用者根据现场的生产过程和工艺要求编写的控制程序。PLC 产品说明中提供的内存模块或存储器型号和容量一般指的是用户程序存储器。

3. 输入、输出和特殊功能模块

这些模块统称为接口模块，它们是 CPU 与现场 I/O 装置和其他外部设备之间的连接部件。PLC 是通过接口模块来实现对工业设备或生产过程的检测、控制和联网通信的。各个生产厂家都有各自的模块系列供用户选用，具体如下。

（1）数字量 I/O 模块。完成数字量信号的输入/输出，一般替代继电器逻辑控制。数字量输入模块的技术指标包括输入点数、公共端极性、隔离方式、电源电压、输入电压和输出电流等；数字量输出模块的技术指标包括输出形式、输出点数、公共端极性、隔离方式、电源电压、输出电流、响应时间和开路端电流等。

（2）模拟量 I/O 模块。控制系统中，经常要对电流、电压、温度、压力、流量、位移和速度等模拟量进行信号采集并输入给 CPU 进行判断和控制，模拟量输入模块就是用来将这些模拟量输入信号转换成 PLC 能够识别的数字量信号的模块，模拟量输入模块的技术指标包括输入点数、隔离方式、转换方式、转换时间、输入范围、输入阻抗和分辨率等。模拟量输出模块就是将 CPU 输出的数字信息变换成电压或电流对电磁阀、电磁铁和其他模拟量执行机构进行控制，它的技术指标包括输出点数、隔离方式、转换时间、输出范围、负载电阻和分辨率等。

（3）专用和智能接口模块。上述接口模块都是在 PLC 的扫描方式下工作的，能满足一般的继电器逻辑控制和回路调节控制。然而，对于同上位机通信、控制 CRT 和其他显示器、连接各种传感器和其他驱动装置等工作，则需要专门的接口模块来完成。专用和智能接口模块主要包括扩展接口模块、通信模块、CRT/LCD 控制模块、PID 控制模块、高速计算模块、快速响应模块和定位模块等。

4. 编程器

为用户提供程序的编制、编辑、调试和监控的专用工具，还可以通过其键盘去调用和显示 PLC 的一些内部状态和系统参数。它通过通信端口与 CPU 联系，完成人机对话功能。各个厂家为自己的 PLC 提供专用的编程器，不同品牌的 PLC 编程器一般不能互换使用。

5. 外部设备

PLC 一般都可以配置打印机、EEPROM 写入器（或 CF、SD 卡）、高分辨率大屏幕显示器等外围设备。

3.1.3 IEC 61131 标准的基本情况

历史上，PLC 的最大问题在于不通用，不同品牌的 PLC 程序相互之间不能兼容。IEC 61131-3 编程语言标准的出现为 PLC 的进一步规范发展奠定了基础。

目前，传统的 PLC 公司如西门子、三菱、Rockwell、MOELLER、松下、LG、汇川、信捷、和利时等公司编程系统的开发均是以 IEC 61131-3 为基础或与 IEC 61131-3 一致。尽管这些编程工具距离标准的 IEC 61131-3 语言还有一定距离，但这些公司的编程系统会逐渐或终将与 IEC 61131-3 编程语言一致，这是毋庸置疑的。

IEC 61131 是国际电工委员会（IEC）制定的 PLC 标准，分成以下几个部分：

第一部分：通用信息；第二部分：设备要求和测试；第三部分：编程语言；第四部分：用户导则；第五部分：通信；第六部分：通过 FieldBus 通信；第七部分：模糊控制编程；第八部分：编程语言的应用和实现导则。

IEC 61131-3 属于 PLC 标准的第三部分：编程语言。

国际电工委员会（IEC）正式颁布的 PLC 编程语言国际标准 IEC 61131-3，为 PLC 软件技术的发展，乃至整个工业控制软件技术的发展，起到了举足轻重的推动作用。它是全世界控制工业第一次制定的有关数字控制软件技术的编程语言标准。此前，国际上没有出现过有实际意义的、为制定通用的控制语言而开展的标准化活动。可以说，没有编程语言的标准化便没有今天 PLC 走向开放式系统的坚实基础。

IEC 61131-3 规定了两大类编程语言：文本化编程语言和图形化编程语言。前者包括指令表（IL）语言和结构化文本（ST）语言，后者包括梯形图（LD）语言和功能块图（FBD）语言。至于顺序功能图（SFC），标准不把它单独列入编程语言的一种，而是将它在公用元素中予以规范。这就是说，不论在文本化语言中，还是在图形化语言中，都可以运用 SFC 的概念、句法和语法。于是，在现在所使用的编程语言中，可以在梯形图语言中使用 SFC，也可以在指令表语言中使用 SFC。

IEC 61131-3 允许在同一个 PLC 中使用多种编程语言，允许程序开发人员对每一个特定的任务选择最合适的编程语言，还允许在同一个控制程序的不同软件模块中使用不同的编程语言。这一规定妥善继承了 PLC 发展历史中形成的编程语言多样化的传统，又为 PLC 软件技术的进一步发展提供了足够的空间。

自 IEC 61131-3 正式公布后，便获得了广泛的接受和支持。

（1）国际上各大 PLC 厂商都宣布其产品符合该标准的规范（尽管这些公司的软件工具

与标准的 IEC 61131-3 语言尚有一定距离），在推出其编程软件新产品时，遵循该标准的各种规定。

（2）以 PLC 为基础的控制作为一种新兴控制技术正在迅速发展，大多数 PLC 控制的软件开发商都按照 IEC 61131-3 的编程语言标准来规范其软件产品的特性。

（3）正因为有了 IEC 61131-3，才真正出现了一种开放式的可编程控制器的编程软件包，它不具体地依赖于特定的 PLC 硬件产品，这就为 PLC 的程序在不同机型之间的移植提供了可能。

3.1.4 IEC 61131-3 的软件模型

1. 软件模型概述

IEC 61131-3 标准的软件模型用分层结构表示。每一层均隐含了其下层的许多特性，从而构成优于传统 PLC 软件的理论基础。

3-2　IEC 61131-3
的软件模型

软件模型描述基本的高级软件元素及其相互关系，这些元素包括程序组织单元（即程序和功能块）和组态元素（即配置、资源、任务、全局变量和存取路径）。软件模型是现代 PLC 的软件基础，图 3-6 是 IEC 61131-3 标准的软件模型。

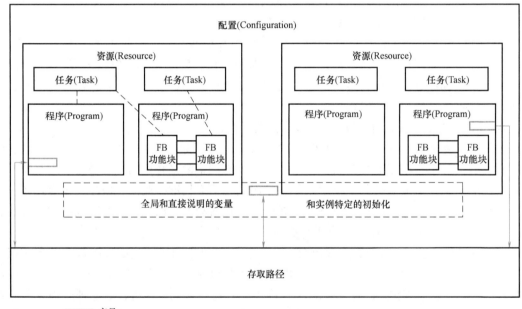

图 3-6　IEC 61131-3 标准的软件模型

IEC 61131-3 的软件模型从理论上描述了如何将一个复杂程序分解为若干个小的可管理部分，并在各分解部分之间有清晰和规范的接口方法。软件模型还可以用来描述一台可编程控制器如何实现多个独立程序的同时装载和运行，如何实现对程序执行的完全控制等。

2. 配置

配置（Configuration）是可编程控制系统的语言元素或结构元素，它位于软件模型的最上层，是大型的语言元素。

配置是 PLC 的整个软件，它用于定义特定应用的 PLC 系统特性，是一个特定类型的控制系统，它包括硬件装置、处理资源、I/O 通道的存储地址和系统能力。

配置的定义以关键字 CONFIGURATION 开始，随后是配置名称和配置声明，最后用 END_ CONFIGURATION 结束。配置声明包括定义该配置的有关类型和全局变量的声明、在配置内资源的声明、存取路径变量的声明和配置变量声明等。

以下是一个配置的案例：

```
CONFIGURATION CELL_1      （CELL_1 是配置名称）
    VAR_GLOBAL w:UINT;END_VAR      （w 是在配置 CELL_1 内的全局变量名）
    RESOURCE STATION_1 ON PROCESSOR_TYPE_1      （STATION_1 是资源名）
        VAR_CLOBAL z1:BYTE;END_VAR      （z1 是资源 STATION_1 内的全局变量名 .）
        TASK SLOW_1(INTERVAL:=t#20ms,PRIORITY:=2);（SLOW_1 是任务名）
        TASK FAST_1(INTERVAL:=t#10ms,PRIORITY:=1);（FAST_1 是任务名）
        PROGRAM P1 WITH SLOW_1:      （P1 是程序名,它与 SLOW_1 任务结合）
            F(x1:=% IX1.1);
        PROGRAM P2:G(OUT1=>w,      （P2 是程序名,G 是程序实例名）
            FB1 WTTH SLOW_1,      （FB1 是功能块实例名,它与 SLOW_1 任务结合）
            FB2 WTTH FAST_1);      （FB2 是功能块实例名,它与 FAST_1 任务结合）
END_RESOURCE
RESOURCE STATION_2 ON PROCESSOR_TYPE_2      （STATION_2 是资源名）
        VAR_GLOBAL z2:BOOL;      （z2 是资源 STATION_2 内的全局变量名）
            AT % QW5:INT;      （地址%WQ5 的变量是 STATION_2 内直接表示的
                                                全局变量）

        END_VAR
        TAST PER_2(INTERVAL:=t#50ms,PRIORITY:=2);（PER_2 是周期执行的任务名）
        TASK INT_2(SINGLE:=z2,PRIORITY:=1)（INT_2 是事件解发的任务名）
        PROGRAM P1 WTTH PER_2:(P1 是程序名,它与 PER_2 任务结合）
            F(x1:=z2,x2:=w);      （使用全局变量实现数据通信）
        PROGRAM P4 WTTH INT_2;      （P4 是程序名,它与 INT_2 任务结合）
            H(HOUT1=>%QW5,
            FB1 WTTH PER_2);      （FB1 是功能块名,它与 PER_2 任务结合）
        END_RESOURCE
        VAR_ACCESS      （存取路径变量声明）
        （存取路径变量名） （存取路径）                      （数据类型） （读写属性）
            ABLE        :STATION_1.% 1X1.        :BOOL      READ_ONLY;
            BAKER       :STATION_1.P1x2          :UINT      READ_WRITE;
            CHARLIE     :STATION_1. z1           :BYTE;
```

```
    DOG                    ;w                      :UINT      READ_ONLY;
    ALPHA                  :STATION_2.P1.y1        :BYTE      READ_ONLY;
    BETA                   :STATION_2.P4.HOUT1     :INT       READ_ONLY;
    GAMMA                  :STATION_2.z2           :BOOL      READ_WRITE;
    SI_COUNT               :STATION_1.P1.COUNT     :INT;
    THETA                  :STATION_2.P4.FB2.d1    :BOOL      READ_WRITE;
    ZETA                   :STATION_2.P4.FB1.c1    :BOOL      READ_ONLY;
    OMEGA                  :STATION_2.P4.FB1.c3    :INT       READ_WRITE;
  END_VAR
VAR_CONFIG(配置变量声明)
  STATION_1.P1.COUNT         :INT:=1;
  STATION_2.P1.COUNT         :INT:=100;
  STATION_1.P1.TIME1         :TON:=(PT:=T#2.5s);
  STATION_2.P1.TIME1         :TON:=(PT:=T#4.5s);
  STATION_2.P4.FB1.C2 AT % QB25      :BYTE;
  END_VAR
END_CONFIGURATION
```

在此配置案例中,配置名 CELL_1 有一个全局变量,其变量名为 w,数据类型为 UINT。该配置有两个资源,同时也声明了配置中有关变量的存取路径变量。图 3-7 是本案例软件模型的图形表示。

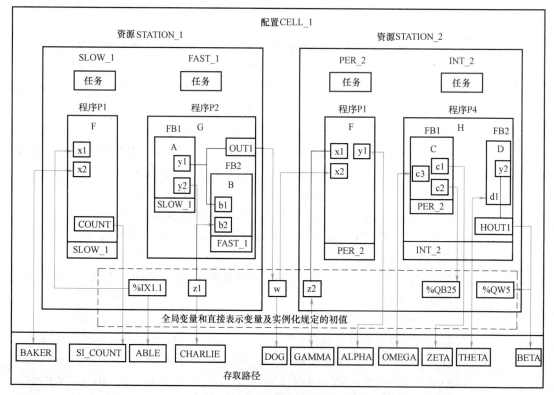

图 3-7　软件模型的图形表示

3. 资源

资源在一个"配置"中可以定义一个或多个"资源"。可把"资源"看作能执行 IEC 程序的处理手段，它反映 PLC 的物理结构，在程序和 PLC 的物理 I/O 通道之间提供了一个接口。只有在装入"资源"后才能执行 IEC 程序。资源通常放在 PLC 内，当然也可以放在其他支持 IEC 程序执行的系统内。

在上述的配置案例中有两个资源。资源名 STATION_1 有一个全局变量，变量名是 z1，其数据类型是字节。该资源的类型名是 PROCESSOR_TYPE_1，它有两个任务，任务名分别为 SLOW_1 和 FAST_1。还有两个程序，程序名分别是 P1 和 P2。资源名 STATION_2 也有两个全局变量，一个变量名是 z2，其数据类型是布尔量；另一个是直接表示变量，其地址是 %QW5，数据类型是整数。需指出，资源 STATION_1 中的全局变量 z1 的数据只能从资源 STATION_1 中存取，而不能从资源 STATION_2 中存取，除非配置为全局变量；反之亦然。

4. 任务

任务（Task）位于软件模型分层结构的第三层，用于规定程序组织单元（POU）在运行期的特性。任务是一个执行控制元素，它具有调用能力。

任务在一个资源内可以定义一个或多个任务。任务被配置后可以控制一组程序或功能块。这些程序和功能块可以周期地执行，也可以由一个事件驱动执行。

5. 全局变量

允许变量在不同的软件元素内被声明，变量的范围确定其在哪个程序组织单元中是可以用的。范围可能是局部的或全局的。全局变量被定义在配置、资源或程序层内部，它还提供了两个不同程序和功能块之间非常灵活的交换数据的方法。

6. 存取路径

存取路径用于将全局变量、直接表示变量和功能块的输入、输出和内部变量联系起来，实现信息的存取。它提供在不同配置之间交换数据和信息的方法，每一配置内的许多指定名称的变量可以通过其他远程配置来存取。

7. IEC 软件模型是面向未来的开放系统

IEC 61131-3 提出的软件模型是整个标准的基础性的理论工具，帮助人们完整地理解除编程语言以外的全部内容。

配置该软件模型，在其最上层把解决一个具体控制问题的完整的软件概括为一个"配置"。它专指一个特定类型的控制系统，包括硬件装置、处理资源、I/O 通道的存储地址和系统能力，等同于一个 PLC 的应用程序。在一个由多台 PLC 构成的控制系统中，每一台 PLC 的应用程序就是一个独立的"配置"。

典型的 IEC 程序由许多互连的功能块与函数组成，功能块之间可相互交换数据。函数与功能块是基本的组成单元，都可以包括一个数据结构和一种算法。

可以看出，IEC 61131-3 软件模型是在传统 PLC 软件模型的基础上增加了许多内容：

（1）IEC 61131-3 的软件模型是一种分层结构，每一层均隐含其下层的许多特征。

（2）它将一个复杂的程序分解为若干个可以进行管理和控制的小单元，而这些被分解的小单元之间存在着清晰而规范的界面。

（3）可满足由多个处理器构成的 PLC 系统的软件设计。

（4）可方便地处理事件驱动的程序执行（传统的 PLC 软件模型仅为按时间周期执行的

程序结构)

（5）对于以工业通信网络为基础的分散控制系统（例如，通过现场总线将分布于不同硬件内的功能块构成一个具体的控制任务），尤其是软逻辑/PLC控制这些正在发展中的新兴控制技术，该软件模型均可覆盖和适用。由此可见，该软件模型足以影响各类实际系统。

对于只有一个处理器的小型系统，其模型只有一个配置、一个资源和一个程序，与现在大多数PLC的情况完全相符；对于有多个处理器的中、大型系统，整个PLC被视作一个配置，每个处理器都用一个资源来描述，而一个资源则包括一个或多个程序；对于分散型系统，将包含多个配置，而一个配置又包含多个处理器，每个处理器用一个资源描述，每个资源则包括一个或多个程序。

3.1.5 IEC 61131-3 的编程模型

IEC 61131-3 的编程模型可用于描述库元素如何产生衍生元素。如图 3-8 所示的编程模型也称为功能模型，因为它描述了 PLC 系统所具有的功能。它包括信号处理功能、传感器和执行器接口功能、通信功能、人机界面功能、编程、调试和测试功能、电源功能等。

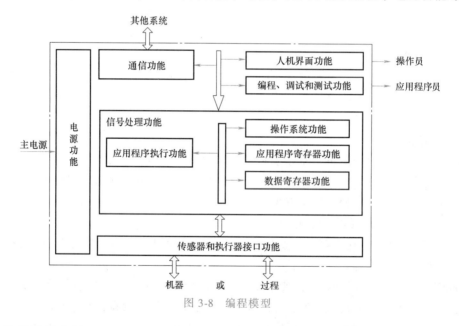

图 3-8　编程模型

1. 信号处理功能

信号处理功能由应用程序寄存器功能、操作系统功能、数据寄存器功能、应用程序执行功能等组成。它可以根据应用程序，处理传感器及内部数据寄存器所获得的信号，处理输出信号送给执行器及内部数据寄存器。表 3-1 为信号处理功能组别及示例。

2. 传感器与执行器接口功能

将来自机器或过程的输入信号转换为合适的信号电平，并将信号处理功能的输出信号或数据转换为合适的电平信号，传送到执行器或显示器。通常，它包括输入/输出信号类型及输入/输出系统特性的确定等。

3. 通信功能

提供与其他系统，如其他可编程控制器系统、机器人控制器、计算机等装置的通信，用

表 3-1　信号处理功能组别及示例

功能组别		示例	功能组别		示例
逻辑控制	逻辑	与、或、非、异或、触发	数据处理	人机接口	显示、命令
	定时器	接通延迟、断开延迟、定时脉冲		打印机	信息、报表
	计数器	脉冲信号加和减		大容量存储器	记录
	顺序控制	顺序功能表图		执行控制	周期执行、事件驱动执行
数据处理	数据处理	选择、传送、格式、传送、组织	运算	系统配置	状态校验
	模拟数据	PID、积分、微分、滤波		基本运算	加、减、乘、除、模除
	接口	模拟和数字信号的输入输出		扩展运算	平方、开方、三角函数
	其他系统	通信协议		比较运算	大于、小于、等于
	输入/输出	BCD 转换		高级运算	矩阵运算、自定义函数运算

于实现程序传输、数据文件传输、监视、诊断等。通常采用符合国际标准的硬件接口（如 RS232、RS485）和通信协议等实现。

4. 人机界面功能

人机界面功能为操作员提供与信号处理、机器或过程之间信息相互作用的平台，也称为人机接口功能。主要包括为操作员提供机器或过程运行所需的信息，允许操作员干预可编程控制器系统及应用程序，如对参数进行调整和超限判别等。

5. 编程、调试和测试功能

编程、调试和测试功能可作为可编程控制器的整体，也可作为可编程控制器的独立部分来实现。它为应用程序员提供应用程序生成、装载、监视、检测、调试、修改及应用程序文件编制和存档的操作平台。

（1）应用程序写入，包括应用程序生成、应用程序显示等。应用程序的写入可采用字母、数字或符号键，也可应用菜单和鼠标、球标等光标定位装置。应用程序输入时，应保证程序和数据的有效性和一致性。应用程序的显示是在应用程序写入时，能将所有指令逐句或逐段立即显示。通常，可打印完整的程序。不同编程语言的显示形式可能不同，用户可选择合适的显示形式。

（2）系统自动启动，包括应用程序的装载、存储器访问、可编程控制器系统的适应性、系统自动状态显示、应用程序的调试和应用程序的修改等。可编程控制器系统的适应性是系统适应机械或过程的功能，包括对连接到系统的传感器和执行机构进行检查的测试功能、对程序序列运行进行检查的测试功能和常数置位和复位功能等。

（3）文件，包括硬件配置及与设计有关的注释的描述、应用程序文件、维修手册等。应用程序文件应包括程序清单、信号和数据处理的助记符、所有数据处理用的交叉参考表（输入/输出、内部储存数据、定时器、计数器等内部功能）、注释、用户说明等。

（4）应用程序存档，为提高维修速度和减少停机时间，应将应用程序存储在非易失性的存储介质中，并且应保证所存储的程序与原来程序的一致性。

6. 电源功能

提供可编程控制器系统所需电源，为设备同步起停提供控制信号，提供系统电源与主电源的隔离和转换等。可根据供电电压、功率消耗及不间断工作的要求等使用不同的电源供电。

3.2 基于 PLC 的模糊控制

3.2.1 模糊控制基础

1. 模糊控制原理

对于模糊控制的评价是，模糊控制不依赖于被控对象精确的数学模型。模糊控制在特定的条件下可以达到经典控制论难以达到的"满意控制"，而不是最佳控制。然而，模糊理论确实有很多不完善之处，比如模糊规则的获取和确定，隶属函数的选择以及比较敏感的稳定性问题至今都未得到完善的解决，但这些却不能抹杀模糊控制的科学性和有效性，事实上它是智能控制的一个重要分支。与此同时，模糊控制不仅适用于小规模、线性的单变量系统，而且也正在逐渐向大规模、非线性的复杂系统扩展。模糊控制在控制领域中的地位和作用如图 3-9 所示。

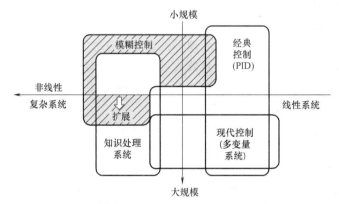

图 3-9 模糊控制在控制领域中的地位与作用

2. PLC 模糊控制

PLC 模糊控制是一系列模糊控制技术中的一种，其核心是利用模糊集合理论，把人的控制策略自然语言转化为 PLC 的知识库及程序，以便在 PLC 运行程序时，能模拟人的思维方式，对一些无法构造数学模型的被控对象进行有效控制。

如图 3-10 所示的模糊控制属闭环控制，需要不停地检测控制对象的输出（调节量），且需要把输入精确量转换为模糊量（称模糊化），进而利用输入与输出间的模糊关系进行模糊推理。模糊关系就是基于人们，尤其是专家的经验所形成的一系列规则（大前提）。模糊推理把检测到的模糊输入（小前提）与模糊关系结合进行判断，给出控制对象应得到的控制。

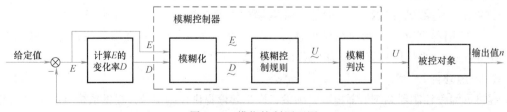

图 3-10 模糊控制原理图

不过这个结论还是模糊的，要把结论用作控制，还需要把它转换为精确量（称解模糊）。

由此可知，模糊控制就是根据系统输出的误差和误差变化情况来决定控制量。手工操作时，这项工作由控制人员通过手动控制完成，将其经验表述为一套自然语言的条件语句，再应用模糊集合论将其转化为一组模糊条件语句，这样就可用来组成模糊控制规则。

模糊控制的特点是无须考虑控制对象的数学模型和复杂情况，而仅依据由操作人员经验所形成的控制规则就可实现。凡可用手动方式控制的系统，一般都可通过模糊控制方法设计出由 PLC 可执行的模糊控制程序。模糊控制所依据的控制规则不是精确的，其模糊关系的运算法则、输入精确量到模糊量的转换，以及输出模糊量到实际控制量的转换等，都带有相当大的随意性。对于模糊控制的性能和稳定性，常难以从理论上做出准确的评估，而只能根据实际效果评价其优劣。

3.2.2 PLC 模糊控制在水温控制中的应用

1. 模糊控制算法

洗热水澡时，洗澡水一般应是"暖和"的。暖和与不暖和，虽然可用洗澡水的温度衡量，但不能硬性规定多大温度范围内是暖和的，而其他温度就不暖和，因为洗澡水"暖和"这个温度特征不是很清晰，而是模糊的。所以，在不同温度的洗澡水中，哪些属于暖和，哪些属于不暖和，不能用集合论去精确划分，而应用模糊集合的概念来处理。模糊集合论中引入了隶属度的概念。对某人、某季节可这样假设，水温 40℃ 时用作洗澡水正好是"暖和"的，则设其隶属度为 1.0。而 30℃ 或 50℃ 就不是正好，设其隶属度为 0.5；低于 20℃ 太凉，设其隶属度设为 0，而高于 60℃ 太烫，其隶属度也设为 0。有了对这几个特殊温度点所做的隶属度的假设，其他温度时，洗澡水属于暖和的隶属度就可从图 3-11a 得知。根据图 3-11b 就可把不同温度的洗澡水（本是精确量的温度量）变换为使人们能感觉的模糊量，即模糊子集"暖和"，并用"隶属度"反映其模糊程度。显然，这个从温度的"度"到隶属度的"度"的转换，完全是凭经验得出的。

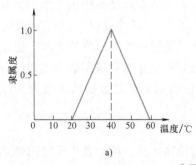

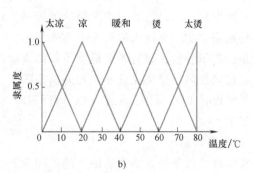

图 3-11 隶属度

a）"暖和"的隶属度 b）"太凉""凉""暖和""烫"和"太烫"的隶属度

除了"暖和"，还有"太凉""凉""烫"和"太烫"等也都是模糊概念，也有对应的模糊子集，其隶属度分别与温度的关系如图 3-11b 所示。根据图示，可以很容易地把具有精确温度值的水的状态，转换为"暖和""凉""烫"等模糊子集，精确量的模糊化就有了依据。要使洗澡水达到"暖和"要求，可依水的状态，凭经验拧动水龙头。具体为：洗澡水"太烫"了，水龙头较多地拧向凉水增加方（ZLL）；洗澡水"烫"了，水龙头稍拧向凉水增加方（ZL）；洗澡水正好"暖和"，水龙头不动（ZO）；洗澡水"凉"了，水龙头稍拧向热水增加方（ZR）；洗澡水"太凉"了，水龙头较多地拧向热水增加方（ZRR）。此处"水龙头较多地拧向热水增加方"等结论也是模糊的，它与输出水龙头转角这个精确量间的关系如图 3-12 所示。

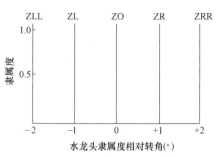

图 3-12　水龙头拧向隶属度

以下说明怎样从检测到的实际温度，应用规则去控制水龙头的相对转角。如检测的温度正好是 40℃，只有"暖和"的隶属度为 1，其他均为 0。依规则，结论为"水龙头不动"（隶属度为 1），而"水龙头不动"（隶属度为 1）对应的相对转角正好为 0。如检测的温度是 35℃，则"暖和"的隶属度为 0.75，"凉"的隶属度为 0.25，其他均为 0。依规则，结论应为"水龙头不动"隶属度为 0.75；"水龙头稍拧向热水增加方"隶属度为 0.25。这时转角是多少呢？常采用两种处理方法：

① 选隶属度大者输出，如本例"水龙头不动"隶属度大，其对应的则是水龙头相对转角 0°；

② 依隶属度加权平均确定输出，即水龙头相对转角：$0.75 \times 0 + 0.25 \times 1 = 0.25°$。

由此可知，无论检测到的温度是多少，总可计算出与其对应的水龙头相对转角。因此，用这种模糊控制原理可实现控制。至于控制的效果如何，正如 PID 控制要选好 PID 参数一样，也要确定好输入量到模糊集的转换、控制规则及模糊量到输出的转换。模糊控制没有精确的公式，也没有微分方程，而是基于经验总结出的语言规则来进行控制，其控制机理及策略很易理解、设计简单、应用简便。

由模糊控制原理知，模糊控制算法的要点是：从输入到模糊量的转换，称为模糊化；建立控制规则，进行模糊推理；从模糊量到输出的转换，称为解模糊。

2. 模糊化算法

输入量模糊化的目的是把检测到的被控量值转换为相应隶属度的模糊子集，即要对输入量划分模糊集。如上例输入量有 5 个模糊子集：｛"太凉""凉""暖和""烫""太烫"｝，划分完子集，再依经验，确定各个模糊子集的隶属函数。无论一维、二维或多维，还是单变量或多变量模糊控制，模糊化总是先划分模糊子集，然后再建立其隶属函数。实现的方法都是用以上算法设计 PLC 程序，依靠 PLC 运行程序，把检测到的被控量的值转换为相应模糊子集的隶属度。

3. 模糊推理算法

模糊推理的任务是根据当前输入的不同隶属度的模糊子集，遵循预先设定的规则，推断应有的模糊控制输出。这些也可通过运行 PLC 程序实现。模糊推理的依据是规则。常见的规则包括"如 A，则 B"型，可写成"IF A THEN B"（如果 A 成立，那么 B 也成立）；"如 A，则 B，否则 C"型，可写成"IF A THEN B ELSE C"（如果 A 成立，那么 B 成立；否则，C 成立）；"如 A 且 B，则 C"型，可写成"IF A AND B THEN C"（如果 A 成立，同时 B 也成立，那么 C 成立）；"如 A 或 B，则 C"型，可写成"IF A OR B THEN C"（如果 A 成立，或如果 B 也成立，那么 C 成立）。这里 A、B、C 都是模糊量集合。若小前提为 A_1，与大前提 A 并不完全一样，这种情况下是否还能推断出有价值的结论？这在传统逻辑推理中是不可能的，而用模糊逻辑推理则是可能的。

如下显示的即为其推理过程：

$$大前提\ A\quad B$$

$$小前提\ A_1$$

$$\overline{\qquad\qquad\qquad\qquad\qquad}$$

$$结论\ B_1 = A_1 \cdot (A\quad B)\quad (\text{“·”表示矩阵乘法})$$

以下说明有了"如 A，则 B"这个大前提后，如何进行模糊推理。这个大前提就是水的状态（如"太烫"等模糊子集）与控制输出（如"ZLL"等子集）间的关系 R。根据前述讨论，这是凭经验得出的，这个关系可用以下矩阵表示。其中，"0"和"1"代表的是关系隶属度。

$$\begin{array}{c} & ZLL\ ZL\ ZO\ ZR\ ZRR \\ \begin{matrix}太烫\\烫\\暖和\\凉\\太凉\end{matrix} & \begin{pmatrix} 1 & 0 & 0 & 0 & 0 \\ 0 & 1 & 0 & 0 & 0 \\ 0 & 0 & 1 & 0 & 0 \\ 0 & 0 & 0 & 1 & 0 \\ 0 & 0 & 0 & 0 & 1 \end{pmatrix} \end{array},\ A_1 = (1\quad 0\quad 0\quad 0\quad 0)$$

$$B_1 = A_1 \cdot R = (1\quad 0\quad 0\quad 0\quad 0) \cdot \begin{pmatrix} 1 & 0 & 0 & 0 & 0 \\ 0 & 1 & 0 & 0 & 0 \\ 0 & 0 & 1 & 0 & 0 \\ 0 & 0 & 0 & 1 & 0 \\ 0 & 0 & 0 & 0 & 1 \end{pmatrix}$$

根据矩阵运算规则，$B_1 = (1\quad 0\quad 0\quad 0\quad 0)$，则仅"ZLL"子集的隶属度为 1，其他均为 0。

对"如 A，则 B，否则 C"型进行推理，其"如 A，则 B"同上，而"否则 C"要用到模糊非隶属度运算：

$$非 A 的隶属度 = 1 - A 的隶属度$$

推理过程如下：

$$大前提\quad \overline{A} \to C$$

$$小前提\quad \overline{A_1}$$

$$\overline{\qquad\qquad\qquad\qquad\qquad}$$

$$结论\ B_1 = \overline{A_1} \cdot (\overline{A} \to C)$$

对"如 A 且 B，则 C"型及"如 A 或 B，则 C"型进行推理，依赖模糊逻辑"与"和模糊逻辑"或"运算。模糊逻辑"与"的符号为"∧"，如 $D = A \wedge B$，则 D 的隶属度为 A、B 小者，模糊逻辑"或"的符号为"∨"，如 $D = A \vee B$，则 D 的隶属度为 A、B 大者。

综上所述可知：

① 模糊推理的算法是确定的，因此总可用 PLC 相应程序实现；

② 有了模糊推理，同一大前提，但小前提不同时，也可得出相应的不同结论；

③ 推理的结论仍是模糊的，要用于输出，还要进行解模糊处理。

4. 解模糊算法

模糊推理的输出仍是模糊量，是输出模糊子集。要控制输出，必须把它按一定算法转换为确定量的控制输出，此即解模糊。其算法步骤如下。

① 确定控制输出的类型。有3种控制输出类型：比例输出、积分输出及二者混合输出。比例输出把解模糊求得的值直接作为控制输出，这种类型的输出虽然响应快，但控制存在"静差"；积分输出是把解模糊求得的值与当前控制输出先求和，再用和作为控制输出，这种类型的输出属于"无静差"控制，但响应慢，且可能超调或振荡。

② 确定解模糊方法。解模糊的方法有多种，常用的有最大隶属度法和加权平均法。最大隶属度法比较简单，选择隶属度最大者，取与其对应的确定值作为输出；加权平均法就是按隶属度加权平均，把求得的值作为输出。解模糊实际是数据处理问题，对于具有较多运算指令的 PLC 而言，处理起来相当方便。

3.3 电动机的变频控制

3.3.1 三相异步电动机概述

3-3 三相异步
电动机概述

在所有类型的交流电动机中，三相异步电动机在工业中是最常见的。这种电动机非常经济、耐用、可靠，其功率范围可以从几瓦到几百兆瓦。图 3-13 所示为三相异步电动机的外观。

按照转子结构的不同，三相异步电动机可分为绕线转子和笼型两种。绕线转子异步电动机的转子绕组和定子绕组一样，也是按一定规律分布的三相对称绕组，可以联结成星形（Y）或三角形（△）。一般小容量电动机联结成三角形，大、中容量电动机联结成星形。转子绕组的 3 条引线分别接到 3 个滑环上，用一套电刷装置引出来，其目的是把外接的电阻或电动势串联到转子回路，用以改善电动机的调速性能及实现能量回馈等，绕线转子异步电动机的定、转子绕组如图 3-14 所示。

图 3-13 三相异步电动机外观

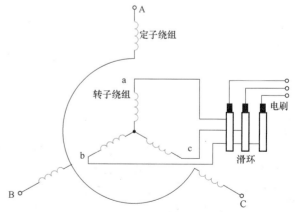

图 3-14 绕线转子异步电动机的定、转子绕组

笼型转子异步电动机的转子绕组则与定子绕组大不相同，它是一个自行短路的绕组。在转子的每个槽里放置一根导体，每根导体都比转子铁心长，在铁心的两端用两个端环把所有的导条都短路，形成一个短路的绕组。如果把转子铁心拿掉，则剩下来的绕组形状像一个松鼠笼子，如图 3-15a 所示，因此又叫笼型转子。导条材料有用铜的，也有用铝的。如果用的

是铜材料，就需要把事先做好的裸铜条插入转子铁心上的槽里，再用铜端环套在伸出两端的铜条上，最后焊接在一起。如果用的是铝材料，就用熔化了的铝液直接浇铸在转子铁心的槽里，连同端环、风叶一次铸成，如图3-15b所示。

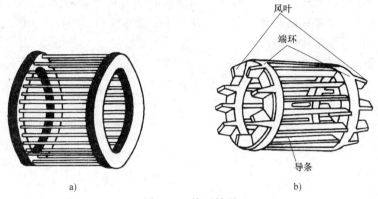

图 3-15 笼型转子

a）铜条绕组 b）铸铝绕组

3.3.2 三相异步电动机的电磁感应

三相异步电动机的定子与转子之间是通过电磁感应联系的，定子相当于变压器的一次绕组，转子相当于二次绕组。

当三相异步电动机的定子绕组接到对称三相电源时，定子绕组中就通过对称三相交流电流，三相交流电流将在气隙内形成按正弦规律分布、并以同步转速 n_1 旋转的磁动势建立的主磁场（见图3-16）。这个旋转磁场切割定、转子绕组，分别在定、转子绕组内感应出对称的定子电动势、转子绕组电动势和转子绕组电流。

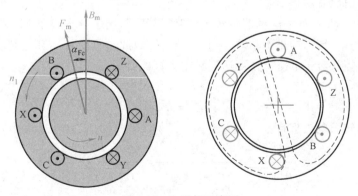

图 3-16 电磁场示意图

空载时，轴上没有任何机械负载，异步电动机所产生的电磁转矩仅克服了摩擦、风阻的阻转矩，所以是很小的。电动机所受阻转矩很小，则其转速接近同步转速，$n \approx n_1$，转子与旋转磁场的相对转速就接近零，即 $n_1-n \approx 0$。在这样的情况下，可以认为旋转磁场不切割转子绕组，则 $E_{2s} \approx 0$（下标"s"表示转子电动势的频率与定子电动势的频率不同），$I_{2s} \approx 0$。由此可见，异步电动机空载运行时定子上的合成磁动势 F_1 即是空载磁动势 F_{10}，则建立气

隙磁场 B_{m} 的励磁磁动势 F_{m0} 就是 F_{10}，即 $F_{\mathrm{m0}} = F_{10}$，产生的磁通为 Φ_{m0}。

励磁磁动势产生的磁通绝大部分同时与定转子绕组交链，称为主磁通。主磁通参与能量转换，在电动机中产生有用的电磁转矩。主磁通的磁路由定转子铁心和气隙组成，它受磁路饱和的影响，为非线性磁路。此外，有一小部分磁通仅与定子绕组交链，称为定子漏磁通。漏磁通不参与能量转换并且主要通过空气闭合，受磁路饱和的影响较小，因此在一定条件下漏磁通的磁路可以看作是线性磁路。

如图 3-17 所示为异步电动机的定子、转子电路。为了方便分析定子、转子的各个物理量，其下标为 "1" 者是定子侧，"2" 者为转子侧。

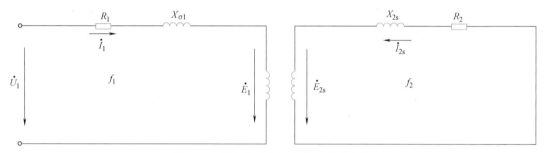

图 3-17　异步电动机的定子、转子电路

3.3.3　三相异步电动机的等效电路

异步电动机定、转子之间没有电路上的联系，只有磁路上的联系，不便于实际工作的计算，为了能将转子电路与定子电路做直接的电的连接，要进行电路等效，等效要在不改变定子绕组的物理量（定子的电动势、电流及功率因数等），而且转子对定子的影响不变的原则下进行，即将转子电路折算到定子侧，同时要保持折算前后转子磁动势不变，以保证磁动势平衡不变和折算前后各功率不变。

在图 3-17 中，将频率为 f_2 的旋转转子电路折算为与定子频率 f_1 相同的等效静止转子电路，称为频率折算。转子静止不动时 $s = 1$，$f_2 = f_1$。因此，只要将实际上转动的转子电路折算为静止不动的等效转子电路，便可达到频率折算的目的。

电势的折算：

$$E_{2\mathrm{s}} = sE_2 \tag{3-1}$$

实际运行的转子电流折算：

$$I_{2\mathrm{s}} = \frac{E_{2\mathrm{s}}}{\sqrt{R_2^2 + X_{2\sigma\mathrm{s}}^2}} = \frac{sE_2}{\sqrt{R_2^2 + (sX_{2\sigma})^2}} = \frac{E_2}{\sqrt{(R_2/s)^2 + X_{2\sigma\mathrm{s}}^2}} = I_2 \tag{3-2}$$

推导出

$$\frac{R_2}{s} = r_2 + \frac{1-s}{s}R_2 \tag{3-3}$$

从式（3-3）可以看出，附加电阻 $\dfrac{1-s}{s}R_2$ 的物理意义在于模拟电动机转轴上总的机械功率。由于频率折算前后转子电流的数值未变，所以磁动势的大小不变。同时磁动势的转速是同步转速，与转子转速无关，所以以上式的频率折算保证了电磁效应的不变。频率折算后的电路如图 3-18 所示（转子折算值上均加"′"表示）。

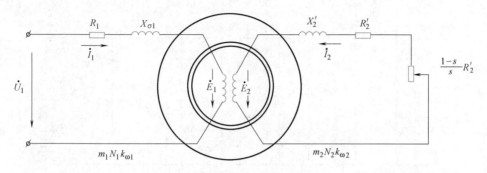

图 3-18　转子绕组频率折算后的异步电动机的定子、转子电路

进行频率折算以后，虽然已将旋转的异步电动机转子电路转化为等效的静止电路，但还不能把定、转子电路连接起来，因为两个电路的电动势还不相等。和变压器的绕组折算一样，异步电动机绕组折算也就是人为地用一个相数、每相串联匝数以及绕组系数和定子绕组一样的绕组代替相数为 m_2，每相串联匝数为 N_2 以及绕组系数为 $k_{\omega 2}$ 且经过频率折算的转子绕组。但仍然要保证折算前后转子对定子的电磁效应不变，即转子的磁动势、转子总的视在功率、铜耗及转子漏磁场储能均保持不变。

根据折算前后各物理量的关系，可以画出折算后的 T 型等效电路，如图 3-19 所示。

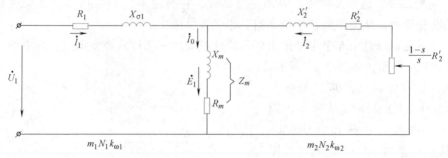

图 3-19　三相异步电动机的 T 型等效电路

3.3.4　三相异步电动机的变频控制

交流变频调速技术是目前三相异步电动机最成熟、最先进的调速方式。变频器既要处理巨大电能的转换（整流、逆变），又要处理信息的收集、变换和传输，因此它的共性技术必定分成功率转换和弱电控制两大部分。前者要解决与高压大电流有关的技术问题和新型电力电子器件

3-4　三相异步电动机的变频控制

的应用技术问题，后者要解决基于现代控制理论的控制策略和智能控制策略的硬、软件开发问题，目前主流的变频器都是采用全数字控制技术。

通用变频器的基本构造如图 3-20 所示。

1. 主回路的构成

通用变频器的主回路包括整流部分、直流环节、逆变部分、制动或回馈环节等部分。

（1）整流部分。通常又称为电网侧变流部分，是把三相或单相交流电整流成直流电。

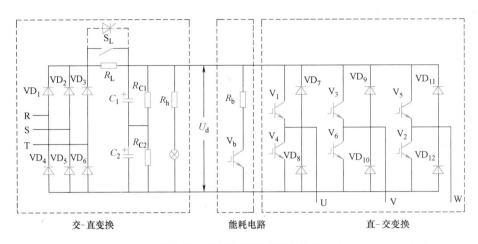

图 3-20　通用变频器的基本构造

常见的低压整流部分是由二极管构成的不可控三相桥式电路或由晶闸管构成的三相可控桥式电路。

（2）直流环节。由于逆变器的负载是异步电动机，属于感性负载，因此在中间直流部分与电动机之间总会有无功功率的交换，这种交换一般都需要中间直流环节的储能元件（如电容或电感）来缓冲。

（3）逆变部分。通常又称为负载侧变流部分，它通过不同的拓扑结构实现逆变元件的规律性关断和导通，从而得到任意频率的三相交流电输出。

常见的逆变部分是由 6 个半导体主开关器件组成的三相桥式逆变电路。其半导体器件一般采用 IGBT 来作用，如图 3-21 所示。

绝缘栅双极型晶体管（IGBT）是电力晶体管（GTR）与 MOS 场效应晶体管（MOSFET）组成的达林顿（Darlington）结构，一个由 MOSFET 驱动的厚基区 PNP 晶体管，R_N 为晶体管基区内的调制电阻。IGBT 的驱动原理与电力MOSFET 基本相同，是一个场控器件，通断由栅射极电压 u_{GE} 决定。

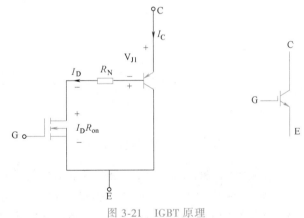

图 3-21　IGBT 原理

① 导通：u_{GE} 大于开启电压 $U_{GE(th)}$ 时，MOSFET 内形成沟道，为晶体管提供基极电流，IGBT 导通。

② 导通压降：电导调制效应使电阻 R_N 减小，使通态压降变小。

③ 关断：栅射极间施加反压或不加信号时，MOSFET 内的沟道消失，晶体管的基极电流被切断，IGBT 关断。

④ 优点：高输入阻抗；电压控制、驱动功率小；开关频率高；饱和压降低；电压、电流容量较大，安全工作频率宽。

（4）制动或回馈环节。由于制动形成的再生能量在电动机侧容易聚集到变频器的直流环节形成直流母线电压的泵升，需要及时通过制动环节将能量以热能形式释放或者通过回馈环节转换到交流电网中去。

制动环节在不同的变频器中有不同的实现方式，通常小功率变频器都内置制动环节，即内置制动单元，有时还内置短时工作制的标配制动电阻；中功率变频器可以内置制动环节，但属于标配或选配，需要根据不同品牌变频器的选型手册而定；大功率变频器的制动环节大多为外置。至于回馈环节，则大多属于变频器的外置回路。

2. 控制回路

控制回路由变频器的核心软件算法电路、检测传感电路、控制信号的输入/输出电路、驱动电路和保护电路组成。如图 3-22 所示的通用变频器共包括以下几个部分。

（1）开关电源。变频器的辅助电源采用开关电源，具有体积小、效率高等优点。电源输入为变频器主回路直流母线电压或将交流 380V 整流。通过脉冲变压器的隔离变换和变压器二次侧的整流滤波可得到多路输出直流电压。其中 +15V、−15V、+5V 共地，±15V 向电流传感器、运放等模拟电路供电，+5V 给 DSP 及外围数字电路供电。相互隔离的四组或六组 +15V 电源给 IPM 驱动电路供电。+24V 向继电器、直流风机供电。

（2）数字信号处理器（DSP）。变频器采用的 DSP 通常为 TI 公司的产品，如 TMS320F240 系列等。它主要完成电流、电压、温度采样、六路 PWM 输出，各种故障报警输入，电流电压频率设定信号输入，还完成电动机控制算法的运算等功能。

（3）输入/输出端子。变频器控制电路输入/输出端子包括输入多功能选择端子、正反转端子、复位端子等；继电器输出端子、开路集电极输出多功能端子等；模拟量输入端子，包括外接模拟量信号用的电源（12V、10V 或 5V）及模拟电压量频率设定输入和模拟电流量频率设定输入；模拟量输出端子，包括输出频率模拟量和输出电流模拟量等，用户可以选择 0/4～20mA 直流电流表或 0～10V 的直流电压表，显示输出频率和输出电流，当然也可以通过功能码参数来选择输出信号。

（4）SCI 口。TMS320F240 是 TI 公司出品的定点式数字信号处理器芯片，它支持标准的异步串口通信，通信波特率可达 625kbit/s。具有多机通信功能，通过一台上位机就可实现多台变频器的远程控制和运行状态监视功能。

（5）操作面板部分。DSP 通过 SPI 口，与操作面板相连，实现按键信号的输入、显示数据输出等功能。

3. 恒压频比控制下的机械特性

通用变频器一般采用恒压频比控制，由变频器带动异步电动机带载稳态运行时，转矩输出为

$$M_1 = 3n_p \left(\frac{U_1}{\omega_1} \right)^2 \frac{s\omega_1 R_2'}{(sR_1 + R_2')^2 + s^2 \omega_1^2 (L_1 + L_2')^2} \tag{3-4}$$

此式表明，对于同一负载要求，即以一定的转速 n_A 在一定的负载转矩 M_{1A} 下运行时，电压和频率可以有多种组合，其中恒压频比（$U_1/\omega_1 =$ 恒值）是最容易实现的。它的变频机械特性基本上是平行下移，硬度也较好，能满足一般的调速要求，但是低速带载能力还较差，需要对定子压降实行补偿。如图 3-23 所示，其中虚线为补偿定子压降后的机械特性。

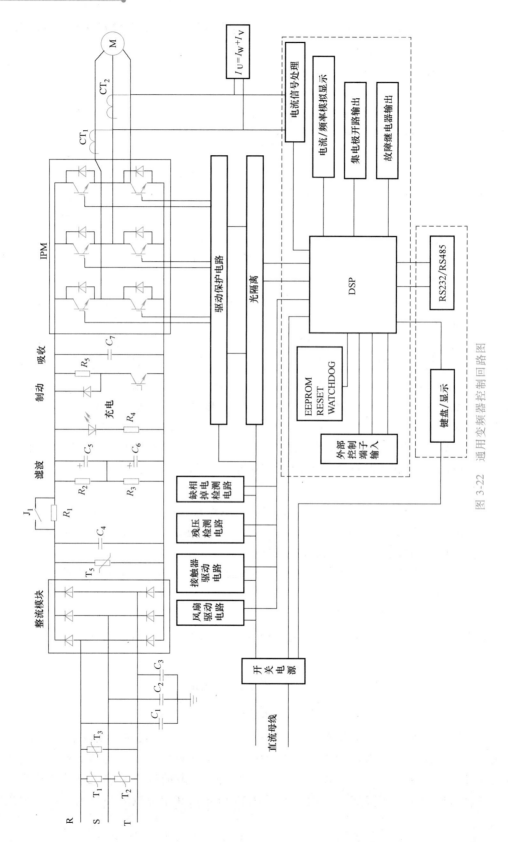

图 3-22　通用变频器控制回路图

为了近似地保持气隙磁通不变，以便充分利用电动机铁心，发挥电动机产生转矩的能力，如图 3-24 所示，在基频以下采用恒压频比控制，实行恒压频比控制时，同步转速自然也会随着频率变化，其公式为

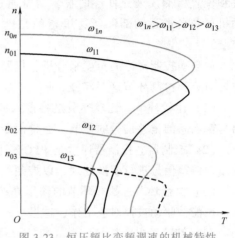

$$n_0 = \frac{60\omega_1}{2\pi n_p} \quad (\text{r/min}) \quad (3\text{-}5)$$

因此，带负载时的转速降落为

$$\Delta n = s n_0 = \frac{60}{2\pi n_p} s\omega_1 \quad (\text{r/min}) \quad (3\text{-}6)$$

图 3-23　恒压频比变频调速的机械特性

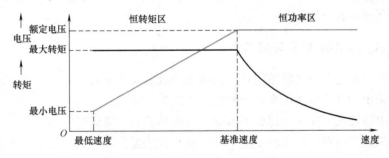

图 3-24　变频器的转矩/速度、电压/速度特性

3.4　伺服电动机及其控制

3.4.1　伺服控制系统组成原理

伺服系统专指被控制量（系统的输出量）是机械位移或位移速度、加速度的反馈控制系统，其作用是使输出的机械位移（或转角）能够准确地跟踪输入的位移（或转角）。伺服系统的结构组成和其他形式的反馈控制系统没有原则上的区别。

如图 3-25 所示为伺服控制系统组成原理图，它包括控制器、伺服驱动器、伺服电动

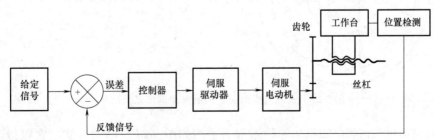

图 3-25　伺服控制系统组成原理图

机和位置检测反馈元件。伺服驱动器通过执行控制器的指令来控制伺服电动机，进而驱动机械装备的运动部件（这里指的是丝杠工作台），实现对装备的速度、转矩和位置的控制。

从自动控制理论的角度来分析，伺服控制系统一般包括比较环节、控制器、执行环节、被控对象和检测环节这五部分。

（1）比较环节。比较环节是将输入的指令信号与系统的反馈信号进行比较，以获得输出与输入间的偏差信号的环节，通常由专门的电路或计算机来实现。

（2）控制器。控制器通常是 PLC、计算机或 PID 控制电路，其主要任务是对比较元件输出的偏差信号进行变换处理，以控制执行元件按要求动作。

（3）执行环节。执行环节的作用是按控制信号的要求，将输入的各种形式的能量转化成机械能，驱动被控对象工作，这里一般指各种电动机、液压、气动伺服机构等。

（4）被控对象。机械参量（包括位移、速度、加速度、力与力矩）为被控对象。

（5）检测环节。检测环节是指能够对输出进行测量并转换成比较环节所需要的量的装置，一般包括传感器和转换电路。

3.4.2　伺服电动机的原理与结构

伺服电动机与步进电动机的不同是，伺服电动机能够将输入的电压信号变换成转轴的角位移或角速度输出，其控制速度和位置精度非常准确。

按使用的电源性质不同，可以分为直流伺服电动机和交流伺服电动机两种。直流伺服电动机存在如下缺点：电枢绕组在转子上不利于散热；绕组在转子上，转子惯量较大，不利于高速响应；电刷和换向器易磨损需要经常维护、限制电动机速度、换向时会产生电火花等。因此，直流伺服电动机慢慢地被交流伺服电动机所替代。

交流伺服电动机一般是指永磁同步型电动机，它主要由定子、转子及测量转子位置的传感器构成。定子和一般的三相感应电动机类似，采用三相对称绕组结构，它们的轴线在空间彼此相差 120°（见图 3-26）；转子上贴有磁性体，一般有两对以上的磁极；位置传感器一般为光电编码器或旋转变压器。

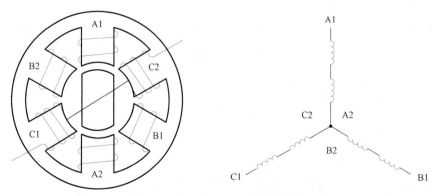

图 3-26　永磁同步型交流伺服电动机的定子结构

在实际应用中，伺服电动机的结构通常会采用如图 3-27 所示的方式，它包括电动机定子、转子、轴承、编码器、编码器连接线、伺服电动机连接线等。

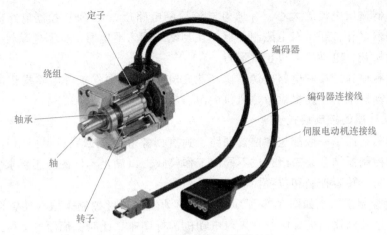

图 3-27　伺服电动机的通用结构

3.4.3　伺服驱动器的结构与控制模式

1. 伺服驱动器的内部结构

伺服驱动器又称功率放大器，其作用就是将工频交流电源转换成幅度和频率均可变的交流电源提供给伺服电动机，其内部结构如图 3-28 所示，与之前介绍的变频器内部结构基本类似，主要包括主电路和控制电路。

3-5　伺服驱动器的结构与控制模式

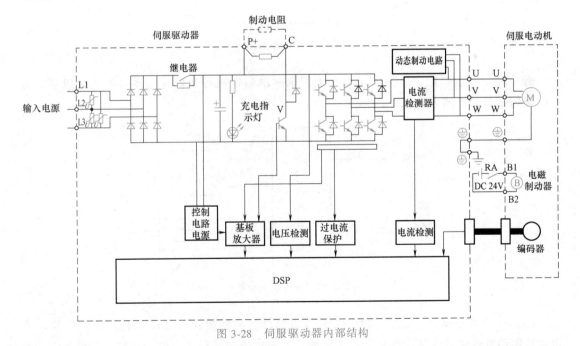

图 3-28　伺服驱动器内部结构

伺服驱动器的主电路包括整流电路、充电保护电路、滤波电路、再生制动电路（能耗制动电路）、逆变电路和动态制动电路，可见比变频器的主电路增加了动态制动电路，即在逆变电路基极断路时，在伺服电动机和端子间加上适当的电阻器进行制动。电流检测器用于检测伺服驱动器输出电流的大小，并通过电流检测电路反馈给 DSP 控制电路。有些伺服电动机除了编码器之外，还带有电磁制动器，在制动线圈未通电时，伺服电动机会被抱闸，线圈通电后抱闸松开，电动机方可正常运行。

控制电路有单独的控制电路电源，除了为 DSP 以及检测保护等电路提供电源外，对于大功率伺服驱动器来说，还提供散热风机电源。

2. 伺服驱动器的控制模式

交流伺服驱动器中一般都包含位置回路、速度回路和转矩回路，但使用时可将驱动器、电动机和运动控制器结合起来组合成不同的工作模式，以满足不同的应用要求。伺服驱动器主要有速度控制、转矩控制和位置控制这三种模式。

（1）速度控制模式。如图 3-29 所示的伺服驱动器的速度控制采取与变频调速一致的方式进行，即通过控制输出电源的频率来对电动机进行调速。此时，伺服电动机工作在速度控制闭环，编码器会将速度信号检测反馈到伺服驱动器，与设定信号（如多段速、电位器设定等）进行比较，然后进行速度 PID 控制。

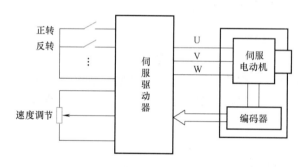

图 3-29　速度控制模式

（2）转矩控制模式。如图 3-30 所示的伺服驱动器转矩控制模式是通过外部模拟量输入来控制伺服电动机的输出转矩。

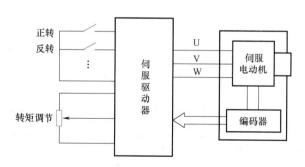

图 3-30　转矩控制模式

（3）位置控制模式。如图 3-31 所示的驱动器位置控制模式可以接受 PLC 或定位模块等运动控制器发送来的位置指令信号。以脉冲及方向指令信号形式为例，其脉冲个数决定了电动机的运动位置（即移动距离），其脉冲的频率决定了电动机的运动速度，而方向信号电平的高低决定了伺服电动机的运动方向。这与步进电动机的控制有相似之处，但脉冲的频率要高很多，以适应伺服电动机的高转速。

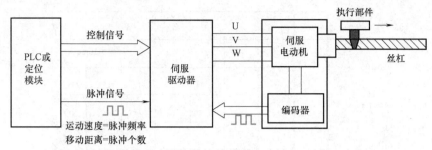

图 3-31 位置控制模式

3.5 电动机参数的智能辨识

3.5.1 电动机参数概述

电动机定子电阻变化的补偿对于磁链（Ψ_s 或 Ψ_r）、转矩 M_e、转速（ω_r）和频率（ω_e）的正确估计有着重要的意义，特别是在低速情况下。由于定子电阻的变化量主要是定子绕组温度的函数，所以补偿时需要 T_s 的信息，T_s 的平均值虽然可以通过在定子的几个位置安装的热敏电阻传感器来确定，但现实中大部分电动机是无法安装热敏电阻的，因此本节主要介绍通过模糊规则来进行电动机定子参数的辨识。

3.5.2 基于模糊规则的电动机定子参数辨识

通过安装定子绕组温度传感器，模糊逻辑可以被用来实现定子电阻的近似估计，这里以数控铣床的 3.7kW 主轴电动机为例，并在该电动机定子上安装 5 个用于测试定子温度的热敏电阻。让矢量控制的异步电动机运行在额定速度（即频率），当转矩（即定子电流）阶跃变化时，记录电动机稳态时定子温度上升量（$\Delta T_{ss} = T_s - T_A$，其中 T_A 为环境温度）。

图 3-32 给出了环境温度 $T_A = 25\,℃$ 时的实验曲线，它是定子电流和频率的函数。随着频率（转速）的增高，铁损增加，致使温度上升更快，但主轴的冷却装置实际上会使温度下降。低于最小定子电流的曲线，即对应于额定磁链的励磁电流，被看作是位于垂直轴。当定子电流很小时，即使频率变化，温度变化也很小。

根据图 3-32 中的实验曲线，选择模糊 MF 如图 3-33 所示，相应规则库见表 3-2。其中，定子电流 I_s（pu）共有 9 级，从低到高依次为 VS、SS、SM、SB、M、MM、BS、BM、VB（其中，S 为英文"Small"，M 为英文"Middle"，B 为英文"Big"，V 为英文"Very"）；频率 ω_e（pu）为 8 级，从低到高依次为 VS、SS、SB、M、BS、BM、BB、VB；稳态温升 ΔT_{ss}（pu）则为 12 级，从低到高依次为 VVS、VS、SS、SM、SB、M、MM、BS、BM、BB、VB、VVB。模糊估计器的基本思想是将信号 ΔT_{ss}（pu）作为定子电流和频率的函数。大量的 MF 聚集在低频处，以满足越靠近零转速，越需要精确估计 ΔT_{ss}（pu）的要求。

图 3-34 给出了完整的定子电阻的模糊估计框图，它包括一个热时间常数曲线和热敏电阻网络。热敏电阻网络可用于 T_s 的校正和电动机热时间常数 τ 的估计。在数控铣床电主轴

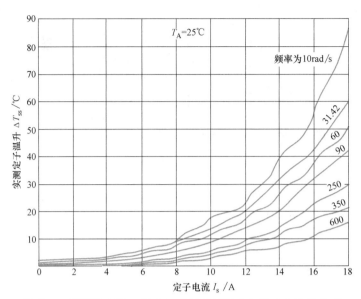

图 3-32 不同频率下（稳态）实测定子温升与定子电流的关系

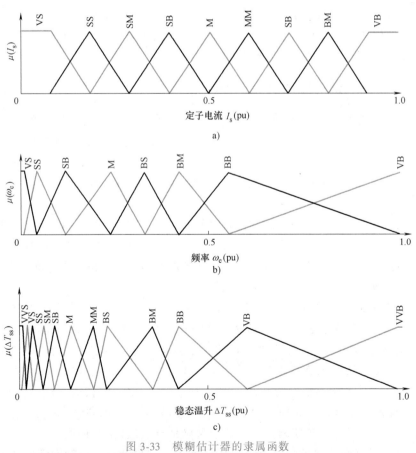

图 3-33 模糊估计器的隶属函数

a) 定子电流 I_s(pu)   b) 频率 ω_e(pu)   c) 稳态温升 ΔT_{ss}(pu)

表 3-2 用于 ΔT_{ss}(pu) 估计的规则库

I_s(pu) \ ω_e(pu)	VS	SS	SB	M	BS	BM	BB	VB
VS	VS	VS	VVS	VVS	VVS	VVS	VVS	VVS
SS	SS	SS	VS	VS	VVS	VVS	VVS	VVS
SM	SM	SM	SS	SS	VS	VS	VVS	VVS
SB	SB	SB	SM	SM	SS	SS	VVS	VS
M	MM	M	SB	SB	SM	SM	SS	SS
MM	BS	MM	M	M	SB	SB	SM	SM
BS	BB	BM	MM	MM	M	M	SB	SM
BM	VB	BB	BM	BS	BS	MM	M	SB
VB	VVB	VB	BB	BM	BM	BS	MM	M

中，冷热交换是通过冷却装置实现的。电动机的动态模型可以由一阶低通滤波器 $\frac{1}{1+\tau s}$ 大致描述出来，其中 τ 为近似的热时间常数，它为转速（或频率）的非线性函数。

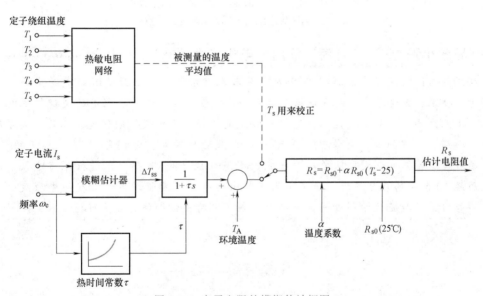

图 3-34 定子电阻的模糊估计框图

在图 3-34 中，稳态 ΔT_{ss} 可以通过模糊算法根据定子电流 I_s 和频率 ω_e 的测量值或估计值来估算。ΔT_{ss} 的模糊插补，一条典型的规则可以描述如下：

根据表 3-2，如果定子电流 I_s(pu) 为小中（SM）并且频率 ω_e(pu) 为中（M），那么温度上升 ΔT_{ss}(pu) 为微小（SS）。

稳态 ΔT_{ss} 由模糊估计器估计出来，通过低通滤波器 $\frac{1}{1+\tau s}$ 转换成动态温度上升量，并被叠加到环境温度 T_A 上以获得实际的定子温度，则实际电阻可通过线性表达式 $R_s = R_{s0} + \alpha R_{s0}(T_s-25)$ 来获取。

通过热敏电阻网络测得用于校正的估计值，并不断重复该算法。最后，热敏电阻网络被去掉，所得估计算法适用于相同类型的所有电动机。图 3-35a 表示在定子电流不同但转速固定的情况下，典型的 T_s 估计准确度；图 3-35b 则表示对应的定子电阻 R_s 估计跟踪准确度。

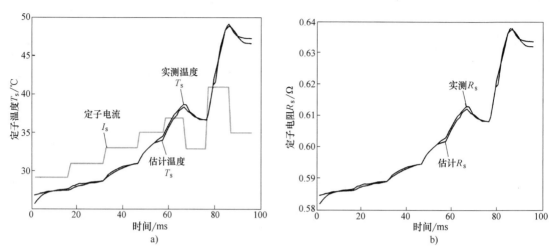

图 3-35　定子电流动态变化、转速恒定时定子温度估计器的性能及电阻估计器性能

a）定子温度估计器性能　b）电阻估计器性能

思政小贴士："奋斗者"深潜，电机技术领航

2020 年 11 月 10 日，我国"奋斗者"号载人潜水器在马里亚纳海沟成功坐底，坐底深度 10909 米，创造了我国载人深潜的新纪录。"奋斗者"号成功深潜的关键技术就是由哈尔滨工业大学研制的电机技术，电机在海底高压强、海水侵蚀的环境中工作，要求耐高压强、耐腐蚀、体积小、重量轻、高可靠、低振动与噪声，是国际难题。2007 年开始，邹继斌教授、徐永向教授团队首次承担我国深海电机"863"项目，进行深海电机技术攻关。历经 10 余年的攻坚克难，研究团队研制出的电机及其驱动系统，在功率密度、效率和噪声等方面的指标优于国外同类产品，实现了深海关键部件的自主可控。

【思考与练习题】

3.1　请阐述国际电工委员会（IEC）对 PLC 的定义，根据定义来说明其应用功能。

3.2　IEC 61131-3 中对于编程语言的规范是什么？

3.3　请举例说明目前主流 PLC 都支持 IEC 61131-3 中的哪些规范。

3.4　PLC 对于智能制造的意义有哪些？

3.5　PLC 在模糊控制中的作用是什么？请举例说明洗衣机模糊控制的工作原理。

3.6　请用流程图来说明水温模糊控制的过程。

3.7　三相电动机的变频控制的优点是什么？

3.8　电动机自身有哪些参数需要进行辨识？

3.9　如何做到电动机的变频与伺服控制的智能化？请举例说明。

3.10　变频器和伺服驱动器的内部结构有何区别？为什么会有这种区别？

Chapter

第4章

智能加工技术

4

导读

在目标明确时，智能机床能对自己进行监控，可自行分析众多与加工状态环境相关的因素，最后自行采取应对措施来保证最优化的加工效果，实现生产线自动控制、工件自动调度、自动检测等功能，最终完善为计算机辅助制造（CAM）技术。3D打印技术是以计算机三维设计模型为蓝本，通过软件分层离散和数控成型系统，利用激光束、热熔喷嘴等方式将金属粉末、陶瓷粉末、塑料、细胞组织等特殊材料进行逐层堆积黏结，最终叠加成型，制造出实体产品。复合加工是应用机械、化学、光学、电力、磁力、流体力学和声波等多种能量，在加工过程中同时运用两种或者多种加工方法，通过不同的作用原理对加工部位进行改性和去除的加工技术。无人工厂是指全部生产活动由计算机进行控制，生产第一线配有机器人而不需要配备工人的工厂，其所有工作都由计算机控制的机器人、数控机床、无人运输小车和自动化仓库来实现，代表了制造业转型升级的最高阶段。

知识图谱

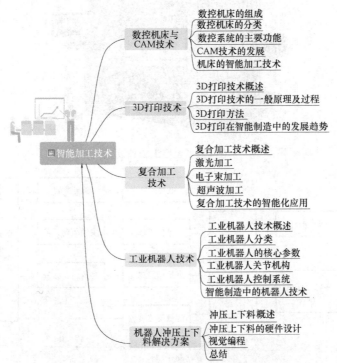

- 数控机床与CAM技术
  - 数控机床的组成
  - 数控机床的分类
  - 数控系统的主要功能
  - CAM技术的发展
  - 机床的智能加工技术
- 3D打印技术
  - 3D打印技术概述
  - 3D打印技术的一般原理及过程
  - 3D打印方法
  - 3D打印在智能制造中的发展趋势
- 智能加工技术
  - 复合加工技术
    - 复合加工技术概述
    - 激光加工
    - 电子束加工
    - 超声波加工
    - 复合加工技术的智能化应用
  - 工业机器人技术
    - 工业机器人技术概述
    - 工业机器人分类
    - 工业机器人的核心参数
    - 工业机器人关节机构
    - 工业机器人控制系统
    - 智能制造中的机器人技术
  - 机器人冲压上下料解决方案
    - 冲压上下料概述
    - 冲压上下料的硬件设计
    - 视觉编程
    - 总结

4.1 数控机床与 CAM 技术

4-1 数控机床的组成

4.1.1 数控机床的组成

用数控机床加工零件，是按照事先编制好的加工程序自动地对零件进行加工。普通机床加工与数控机床加工的过程如图 4-1 所示，其中数控机床加工过程是把零件的加工工艺路线、刀具运动轨迹、切削参数等，按照数控机床规定的指令代码及程序格式编写成加工程序单，再把程序单的内容输入到数控机床的数控装置中，从而控制机床加工零件。

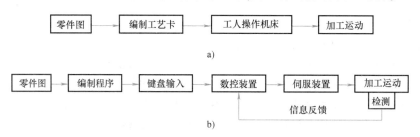

图 4-1 普通机床加工与数控机床加工的过程

a）普通机床加工 b）数控机床加工

图 4-2 所示的数控机床由数控系统和机床本体两大部分组成，而数控系统又由输入/输出设备、数控装置、伺服系统、辅助控制装置等部分组成，图 4-3 所示为数控机床的组成示意图。

图 4-2 数控机床外观

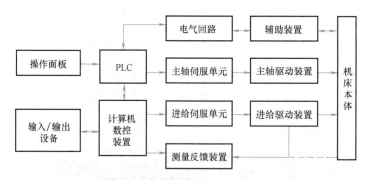

图 4-3 数控机床的组成示意图

1. 输入/输出设备

输入/输出设备的作用是输入程序、显示命令与图形、打印数据等。数控程序的输入是通过控制介质来实现的，目前采用较多的方法有通信接口和 MDI 方式。MDI 即手动输入方式，它是利用数控机床控制面板上的键盘，将编写好的程序直接输入到数控系统中，并可通过显示器显示有关内容。随着计算机辅助设计与制造（CAD/CAM）技术的发展，数控机床可利用 CAD/CAM 软件在通用计算机上编程，然后通过计算机与数控机床之间的通信，将程序与数据直接传送给数控装置。

2. 数控装置

一般是采用通用或专用计算机实现数字程序控制，因此数控也称为计算机数控（Computer Numerical Control，CNC）。数控装置是数控机床的"指挥中心"，其功能是接受外部输入的加工程序和各种控制命令，识别这些程序和命令并进行运算处理，然后输出控制命令。在这些控制命令中，除了送给伺服系统的速度和位移命令外，还有送给辅助控制装置的机床辅助动作命令。

3. 伺服系统

伺服系统包括伺服单元、驱动装置、测量反馈装置等。数控机床的伺服系统分主轴伺服驱动系统和进给伺服驱动系统。主轴伺服驱动系统用于控制机床主轴的旋转运动，并为机床主轴提供驱动功率和所需的切削力。进给伺服驱动系统是用于机床工作台或刀架坐标的控制系统，控制机床各坐标轴的切削进给运动，并提供切削过程所需的转矩。每一坐标轴方向的进给运动部件配备一套进给伺服驱动系统。相对于数控装置发出的每个脉冲信号，机床的进给运动部件都有一个相应的位移量，此位移量称为脉冲当量，也称为最小设定单位，其值越小，加工精度越高。

脉冲当量（分辨率）是 CNC 重要的精度指标，它有两个方面的内容，一是机床坐标轴可达到的控制精度（可以控制的最小位移增量），表示 CNC 每发出一个脉冲时坐标轴移动的距离，称为实际脉冲当量或外部脉冲当量。二是内部运算的最小单位，称之为内部脉冲当量。一般内部脉冲当量比实际脉冲当量设置得要小，为的是在运算过程中不损失精度。数控系统在输出位移量之前，会自动将内部脉冲当量转换成外部脉冲当量。

实际脉冲当量决定于丝杠螺距、电动机每转脉冲数及机械传动链的传动比，其计算公式为

$$实际脉冲当量 = 传动比 \times \frac{丝杠螺距}{电动机每转脉冲数} \tag{4-1}$$

数控机床的加工精度和表面质量取决于脉冲当量数的大小。普通数控机床的脉冲当量一般为 0.001mm，简易数控机床的脉冲当量一般为 0.01mm，精密或超精密数控机床的脉冲当量一般为 0.0001mm，脉冲当量越小，数控机床的加工精度和表面质量越高。

4. 辅助控制装置

数控机床除对各坐标轴方向的进给运动部件进行速度和位置进行控制外，还要完成程序中的辅助功能所规定的动作，如主轴电动机的启停和变速、刀具的选择和交换、冷却泵的开关、工件的装夹、分度工作台的转位等。由于可编程序控制器（PLC）具有响应快、性能可靠、易于编程和修改等优点，并可直接驱动机床电器，因此，目前辅助控制装置普遍采用 PLC 控制。

5. 机床本体

机床本体即为数控机床的机械部分，主要包括主传动装置、进给传动装置、床身、工作台等。与普通机床相比，数控机床的传动装置简单，而机床的刚度和传动精度较高。

4.1.2 数控机床的分类

1. 按工艺用途分类

（1）金属切削类。这类数控机床包括数控车床、数控铣床、数控磨床和加工中心等。加工中心是带有刀库和自动换刀装置的数控机床，它将铣、镗、钻、攻螺纹等功能集中在一台设备上，使其具有多种工艺手段。在加工过程中由程序自动选用和更换刀具，大大提高了生产效率和加工精度。

（2）金属成型类。这类数控机床包括数控板料折弯机、数控弯管机和数控冲床等。

（3）特种加工类。这类数控机床包括数控线切割机床、数控电火花成型机床和数控激光切割机床等。

2. 按可控制轴数与联动轴数分类

可控制轴数是指数控系统最多可以控制的坐标轴数目，联动轴数是指数控系统按加工要求控制同时运动的坐标轴数目。目前有 2 轴联动、3 轴联动、4 轴联动、5 轴联动等。3 轴联动的数控机床可以加工空间复杂曲面，4 轴、5 轴联动的数控机床可以加工更加复杂的零件。

3. 按伺服系统的类型分类

（1）开环控制。开环控制伺服系统的特点是不带反馈装置，通常使用步进电动机作为伺服执行元件。数控装置发出的指令脉冲被输送到伺服系统中的环形分配器和功率放大器，使步进电动机转过相应的角度，然后通过减速齿轮和丝杠螺母机构，带动工作台和刀架移动。图 4-4 所示为开环控制伺服系统的示意图。

图 4-4　开环控制伺服系统的示意图

开环控制伺服系统对机械部件的传动误差没有补偿和校正，工作台的位移精度完全取决于步进电动机的步距角精度、机械传动机构的传动精度，所以控制精度较低。同时受步进电动机性能的影响，其速度也受到一定的限制。但这种系统的结构简单、运行平稳、调试容易、成本低廉，因此适用于经济型数控机床或旧机床的数控化改造。

（2）闭环控制。闭环控制伺服系统是在移动部件上直接装有直线位移检测装置，将测得的实际位移值反馈到输入端，与输入信号进行比较，用比较后的差值进行补偿，实现移动部件的精确定位。图 4-5 是闭环控制伺服系统的示意图。

闭环控制伺服系统装有位置反馈装置，可以补偿机械传动机构中的各种误差，因而可达到很高的控制精度，一般应用在高精度的数控机床中。由于系统增加了检测、比较和反馈装置，所以结构比较复杂，调试维修比较困难。

（3）半闭环控制。半闭环控制伺服系统是在伺服系统中装有角位移检测装置（如感应同步器或光电编码器），通过检测角位移间接检测移动部件的直线位移，然后将角位移反馈

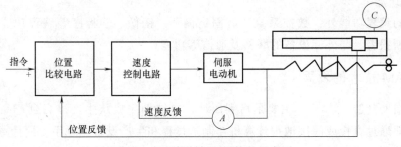

图 4-5 闭环控制伺服系统的示意图

到数控装置。图 4-6 所示为半闭环控制伺服系统的示意图。

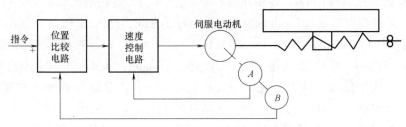

图 4-6 半闭环控制伺服系统的示意图

半闭环控制伺服系统没有将丝杠螺母机构、齿轮机构等传动机构包括在闭环中，所以这些传动机构的传动误差仍会影响移动部件的位移精度。但由于将惯性较大的工作台安排在闭环以外，使这种系统调试较容易，稳定性也好。

4.1.3 数控系统的主要功能

1. 插补功能

所谓插补，就是在工件轮廓的起始点和终点坐标之间进行 "数据密化"，求取中间点的过程。由于直线和圆弧是构成零件的基本几何元素，所以大多数数控系统都具有直线和圆弧的插补功能。而椭圆、抛物线、螺旋线等复杂曲线的插补，只有在高档次的数控系统或特殊需要的数控系统中才具备。

2. 进给功能

数控系统的进给功能包括快速进给、切削进给、手动连续进给、点动进给、进给倍率修调、自动加减速等功能。

3. 主轴功能

数控系统的主轴功能包括恒转速控制、恒线速控制、主轴定向停止等。恒线速控制即主轴自动变速，使刀具相对切削点的线速度保持不变。

4. 刀具补偿功能

刀具补偿功能包括刀具位置补偿、刀具半径补偿和刀具长度补偿。位置补偿是对车刀刀尖位置变化的补偿；半径补偿是对车刀刀尖圆弧半径、铣刀半径的补偿；长度补偿是指沿加工深度方向对刀具长度变化的补偿。

5. 操作功能

数控机床通常有单程序段执行、跳段执行、图形模拟、暂停和急停等功能。

6. 辅助功能

除基本的编程功能外，数控系统还有固定循环、镜像、子程序等编程功能以及图形显示、故障诊断报警、与外部设备的联网及通信等功能。

4.1.4　CAM 技术的发展

计算机辅助制造（CAM）主要是指利用计算机辅助完成从生产准备到产品制造整个过程的活动，即通过直接或间接地把计算机与制造过程和生产设备相联系，用计算机系统进行制造过程的计划、管理以及对生产设备的控制与操作的运行，处理产品制造过程中所需的数据，控制和处理物料（毛坯和零件等）的流动，对产品进行测试和检验等。CAM 包括很多方面，如计算机数控（Computer Numerical Control，CNC）、直接数控（Direct Numerical Control，DNC）、柔性制造系统（Flexible Manufacturing System，FMS）、机器人（Robots）、计算机辅助工艺设计（Computer Aided Process Planning，CAPP）、计算机辅助测试（Computer Aided Test，CAT）以及计算机辅助生产管理（Computer Aided Production Management，CAPM）等。这是对 CAM 广义的定义。狭义概念指的是从产品设计到加工制造之间的一切生产准备活动，它包括 CAPP、NC 编程、工时定额的计算、生产计划的制订、资源需求计划的制订等。这是最初 CAM 系统的狭义概念。到今天，CAM 的狭义概念甚至进一步缩小为 CNC 编程的同义词，CAPP 已被作为一个专门的子系统，而工时定额的计算、生产计划的制订、资源需求计划的制订则划分给 ERP 系统来完成。CAM 的广义概念所包括的内容则要多得多，除了上述 CAM 狭义定义所包含的所有内容外，它还包括制造活动中与物流有关的所有过程（加工、装配、检验、存储、输送）的监视、控制和管理。

计算几何理论的不断完善和数控技术的不断更新是 CAM 技术持续发展的物质基础，工业界对数控加工技术不断提出需求是 CAM 技术发展的原动力。CAM 技术从诞生到现在，大致可以划分为如下三个阶段。

1. 加工质量稳定、加工精度高

最早出现的 CAM 软件是 20 世纪 50 年代开发的平面编程系统，60 年代发展到具有曲面编程能力的系统，80 年代又出现了具有图形交互的雕塑曲面编程能力的系统。在数控机床和数控技术出现以前，同一套图纸，在不同的加工车间，产品表面质量差异很大，即使是同一个工人，加工相同的零件，其质量也不尽相同。在加工曲线、曲面以及精密孔时，对加工精度的要求就更加迫切了。有了数控机床，加工同一种零件，使用同一段数控代码，加工质量更加稳定。后来，人们发展了曲面造型技术，设计产品时不再仅仅满足产品的功能需求，开始追求产品美观的外观和更好的性能，大量产品使用复杂曲面进行设计。因此，产品的加工精度被提到首要地位。

2. 加工效率高、产品更新换代快

产品生产的趋势是多品种、小批量，制造业的目标是降低成本、提高质量、缩短制造周期。对制造业，尤其是对模具加工业来说，就是要在保证模具加工精度的前提下，充分利用数控机床的性能，提高加工效率，缩短加工时间，保证产品及时上市。为满足高效率的需求，出现了 3 轴、4 轴、5 轴甚至更多联动轴的机床。CAM 技术也随之发展。各软件厂商纷纷推出多轴数控加工系统。

3. 加工的信息化、集成化和智能化

在现代社会生产领域中，计算机辅助设计（CAD）、计算机辅助制造（CAM）、计算机辅助分析（CAE）、计算机辅助质量管理（CAQ）以及将它们有机集成起来的计算机集成制造（CIM）已经成为企业科技进步和实现现代化的标志。

4.1.5 机床的智能加工技术

机床加工的智能化越来越被人们所重视，其智能化表现在 CAM 系统可以自动生成产品在所有加工阶段的加工代码且自动判断曲面自身的过切和安装夹具及机床的碰撞；自动生成所有加工阶段的工序单和工艺单。当生产管理以并行工程的模式组织时，产品设计的修改是随时可能发生的。智能加工系统要实时跟踪产品的设计变化，从而产生相应的刀具轨迹及工艺工序报表。

1. 虚拟化加工

通过虚拟机床加工系统可以优化加工工艺、预报和检测加工质量，同时还可以优化切削参数、刀具路径，提高机床设备的利用率和生产效率。常见的数控机床在结构上主要有床身、立柱、运动轴和工作台等部件，再配合刀具、夹具和一些辅助部件共同组成。虚拟机床主要是根据结构的特点分为三种主要类型，即通用模块、辅助模块和专用模块。其中，通用模块是指床身、立柱、工作台等各类机床共有的零部件；辅助模块是指刀具、夹具等机床工具；专用模块则是为特种机床的特殊零部件所设立的。

选用 VERICUT 仿真软件进行虚拟机床的建模流程如下：

1）前期准备。明确机床数控系统的型号、机床结构形式和尺寸、机床工作原理、主轴行程、坐标系统及毛坯、刀具和夹具等。

2）机床构建。软件中提供了常见的几种机床模型，可供调用，但一般不能满足需求。此时用户需自己构建机床。

3）机床控制系统设置。用户可以根据实际使用机床的控制系统通过 VERICUT 进行选择，如果控制系统不存在，也可以根据 IEC 61131-3 的规则定制相关的控制系统。

4）建立机床刀具库。

5）设置机床系统参数。

将某产品加工为如图 4-7 所示的零件，现采用 VERICUT 软件自带的三轴铣削机床样本可满足要求，仿真结果如图 4-8 所示。

2. 智能防碰撞

当操作工人为了调整、测量和更换刀具而手动操作机床时，一旦即将发生碰撞时（即在发生碰撞前一瞬间），机床运动可以立即自行停止，这就是智能防碰撞系统起了作用。载有工件、刀具、卡盘、夹具及主轴台、刀塔、尾座等的 3D 模拟数据的 NC 装置先于实际机床动作进行实时模拟，检查干涉、撞击发生的可能性，在撞击前一瞬间停止机床动作。

如图 4-9 所示，在应用防撞击系统时，操作者仅需简单输入毛坯、刀具模型图形，系统就能够与在离线状态下检测机床干涉的 3D 虚拟监视器数据联动，以稍领先的指令对干涉进行干预。该防撞功能可应用于自动运转和手动操作状态。智能防撞击功能还有简便的图形输入功能，操作者可从已登录的图形中选取，也可通过输入形状的尺寸生成图形，还可用 CAD 软件生成的 3D 模型直接读入。

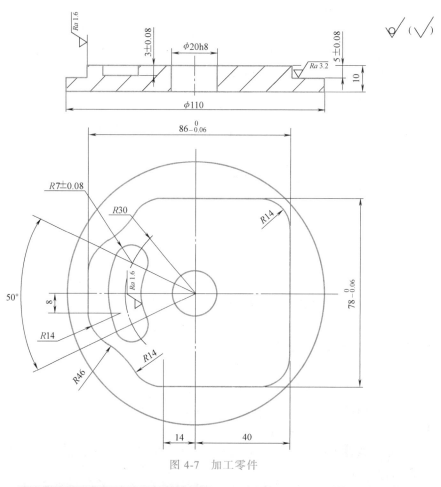

图 4-7　加工零件

a)　　　　　　　　　　　b)

图 4-8　三轴铣削虚拟机床

a) 仿真结果一　b) 仿真结果二

　　智能防撞功能开启时，首先读取 CNC 程序，然后再检测 CNC 设定的原点补偿值、刀具补偿值的轴移动指令是否存在干涉。一旦将要发生撞击，会使机床动作暂时停止。比如，以

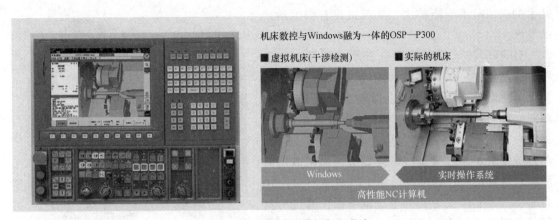

图 4-9 智能防撞功能模拟加工状态

加工速度 12m/min 为例，从碰撞检测至停止仅需 0.01s，停止距离在 2mm 以内。智能防撞技术如图 4-10 所示。

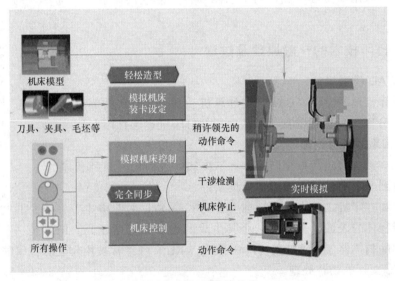

图 4-10 智能防撞技术

使用防撞功能的机床不仅使机床和零件的安全得到了保障，并且大幅缩短了待机时间。

4.2 3D 打印技术

4.2.1 3D 打印技术概述

3D 打印是一种以数字模型文件为基础，运用粉末状金属或塑料等可黏合材料，通过逐层打印的方式来构造物体的快速打印技术。它作为一种降低工件制作难度的技术被人们所推崇。自 1986 年由 Charles Hull 开发出第一台商业 3D 打印机开始，3D 打印就登上历史舞台。近年来，3D 打印技术取得了快速发展，在消费电子产品、汽车、航空航天、医疗、军工、地理信息系统及艺术设计等领域被大量使用。随着工艺、材料和装备的日益成熟，3D 打印技术的应用范围不断扩大，从制造设备向生活产品发展。

3D 打印技术是以计算机三维设计模型为蓝本，通过软件分层离散和数控成型系统，利用激光束、热熔喷嘴等方式将金属粉末、陶瓷粉末、塑料、细胞组织等特殊材料进行逐层堆积黏结，最终叠加成型，制造出实体产品（见图 4-11）。与传统制造业通过模具、车铣等机械加工方式对原材料进行定型、切削以最终生产成品不同，3D 打印将三维实体变为若干个二维平面，通过对材料的处理并逐层叠加进行生产，大大降低了制造的复杂度。这种数字化制造模式不需要复杂的工艺、不需要庞大的机床、不需要众多的人力，直

图 4-11　3D 打印机外观

接从计算机图形数据中便可生成任何形状的零件，使生产制造得以向更广的生产人群范围延伸。

4.2.2　3D 打印技术的一般原理及过程

1. 三维 CAD 模型设计

先通过计算机辅助设计（CAD）或计算机动画建模软件建模，再将建成的三维模型"分区"成逐层的截面，从而指导打印机逐层打印。

4-2　3D 打印技术的一般原理及过程

2. CAD 模型的近似处理

用 STL 格式的文件进行数据转换，将三维实体表面用一系列相连的小三角形逼近，得到 STL 格式的三维近似模型文件。

设计软件和打印机之间协作的标准文件格式是 STL 文件格式。一个 STL 文件使用三角面来大致模拟物体的表面。三角面越小其生成的表面分辨率越高。PLY 是一种通过扫描来产生三维文件的扫描器，其生成的 VRML 或者 WRL 文件经常被用作全彩打印的输入文件。

3. 对 STL 文件的切片处理

打印机通过读取文件中的横截面信息，用液体状、粉状或片状的材料将这些截面逐层地打印出来，再将各层截面以各种方式黏合起来从而制造出一个实体。这种技术的特点在于其几乎可以造出任何形状的物品。

打印机打出的截面的厚度（即 Z 方向）以及平面方向（即 X-Y 方向）的分辨率是以 dpi（点每英寸）或者微米来计算的。一般的厚度为 $100\mu m$，即 0.1mm，也有部分打印机可以打印出 $16\mu m$ 薄的一层。而平面方向则可以得到与激光打印机相近的分辨率。打印出来的"墨水滴"的直径通常为 $50\sim500\mu m$。用传统方法制造出一个模型，根据模型的尺寸以及复杂程度，通常需要数小时到数天。而用 3D 打印技术则可以将时间缩短为数小时，当然，这也是由打印机的性能以及模型的尺寸和复杂程度而定的。

传统的制造技术如注塑法可以以较低的成本大量制造聚合物产品，而 3D 打印技术则可以更快、更有弹性且成本更低的办法生产数量相对较少的产品。一个桌面尺寸的 3D 打印机就可以满足设计者或概念开发小组制造模型的需要。

4. 完成

目前 3D 打印机的分辨率对大多数应用来说已经足够（在弯曲的表面可能会比较粗糙，就像图像上的锯齿一样），要获得更高分辨率的物品可以通过如下方法：先用当前的 3D 打印机打出稍大一点的物体，再稍微经过表面打磨即可得到表面光滑的"高分辨率"物品。

4.2.3 3D 打印方法

1. 常见的 3D 打印方法

表 4-1 所示为常见的 3D 打印方法，包括挤压、线、粒状、粉末层、层压和光聚合等打印方式。

表 4-1 常见的 3D 打印方法

类型	累积技术	基本材料
挤压打印	熔融沉积式（FDM）	热塑性塑料,共晶系统金属、可食用材料
线打印	电子束自由成型制造（EBF）	几乎任何合金
粒状打印	直接金属激光烧结（DMLS）	几乎任何合金
	电子束熔化成型（EBM）	钛合金
	选择性激光熔化成型（SLM）	钛合金、钴铬合金、不锈钢、铝
	选择性热烧结（SHS）	热塑性粉末
	选择性激光烧结（SLS）	热塑性塑料、金属粉末、陶瓷粉末
粉末层喷头 3D 打印	石膏 3D 打印（PP）	石膏
层压打印	分层实体制造（LOM）	纸、金属膜、塑料薄膜
光聚合打印	立体光固化成型（SLA）	光固化树脂
	数字光处理（DLP）	光固化树脂

2. 熔融沉积式

熔融沉积有时候又被称为熔丝沉积，它将丝状的热熔性材料进行加热融化，通过带有微细喷嘴的挤出机把材料挤出来。如图 4-12 所示，热熔性丝材（通常为 ABS 或 PLA 材料）先被缠绕在供料辊上，由步进电动机驱动辊子旋转，丝材在主动辊与从动辊的摩擦力作用下沿挤出机的喷头送出。在供料辊和喷头之间有一导向套，导向套采用低摩擦力材料制成，以便丝材能够顺利、准确地由供料辊送到喷头的内腔。喷头的上方有电阻丝式加热器，在加热器的作用下丝材被加热到熔融状态，然后通过挤出机把材料挤压到工作台上，材料冷却后便形成了工件的截面轮廓。喷头可以沿 X 轴的方向进行移动，工作台则沿 Y 轴和 Z 轴方向移动（当然不同的设备其机械结构的设计也许不一样），熔融的丝材被挤出后随即会和前一层材料黏合在一起。一层材料沉积后，工作台将按预定的增量下降一个厚度，然后重复以上的步骤，直到工件完全成型。

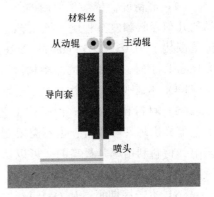

图 4-12 熔融沉积式 3D 打印

采用熔融沉积式（FDM）工艺在制作具有悬空结构的工件原型时，需要有支撑结构的支持，为了节省材料成本和提高成型的效率，新型的 FDM 设备采用了双喷头的设计，一个喷头负责挤出成型材料，另外一个喷头负责挤出支撑材料。一般来说，用于成型的材料丝相对更精细一些，而且价格较高，沉积效率也较低。用于制作支撑材料的丝材会相对较粗一些，而且成本较低，但沉积效率会更高些。支撑材料一般会选用水溶性材料或比成型材料熔点低的材料，这样，在后期处理时，通过物理或化学的方式就能很方便地把支撑结构去除干净。

3. 选择性激光烧结（SLS）

选择性激光烧结加工过程是采用铺粉棍将一层粉末材料平铺在已成型零件的上表面，并加热至恰好低于该粉末烧结点的某一温度，控制系统控制激光束按照该层的截面轮廓在粉末上扫描，使粉末的温度升至熔点，进行烧结，并与下面已成型的部分实现黏结（见图 4-13）。当一层截面烧结完成后，工作台会下降一个层的厚度，铺料辊又在上面铺上一层均匀密实的粉末，进行新一层截面的烧结，直至完成整个模型。在成型过程中，未经烧结的粉末对模型的空腔和悬臂部分起着支撑作用，不必像立体光固化成型（SLA）工艺那样需要另行生成支撑工艺结构。SLS 使用的激光器是二氧化碳激光器，使用的原料有蜡、聚碳酸酯、尼龙、纤细尼龙、合成尼龙、金属，以及一些发展中的材料等。当实体构建完成并在原型部分充分冷却后，粉末快速上升至初始位置，将实体取出，放置在后处理工作台上，用刷子刷去表面粉末，露出加工件，其余残留的粉末可用压缩空气去除。

SLS 的优点如下：

（1）可采用多种材料。从原理上讲，这种方法可采用加热时黏度降低的任何粉末材料，通过材料或者各类含黏结剂的涂层颗粒制造出任何造型，以适应不同的需要。

（2）制造工艺比较简单。由于可用多种材料，选择性激光烧结工艺按所采用的原料不同，可以直接生产复杂形状的原型、型腔模三维构件或部件及工具。

（3）高精度。依赖于使用的材料种类和粒径、产品的几何形状和复杂程度，该工艺一般能达到工件整体范围内 ±（0.05~2.5）mm 的公差。当粉末粒径为 0.1mm 以下时，成型后的原型精度可达±1%。

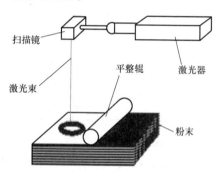
图 4-13　选择性激光烧结工艺过程示意图

（4）不需要支撑结构。叠层过程中出现的悬空层面可直接由未烧结的粉末来实现支撑。

（5）材料利用率高。由于该工艺过程不需要支撑结构，不会像分层实体制造（LOM）工艺那样出现许多废料，也不需要制作基底支撑，所以该工艺方法在常见的几种快速成型工艺中，材料利用率是最高的，可以认为是 100%。SLS 工艺中使用的多数粉末的价格较便宜，所以 SLS 模型的成本也是较低的。

（6）生产周期短。从 CAD 设计到零件的加工完成只需几小时到几十小时，整个生产过程是数字化的，可随时修正、随时制造。这一特点使其特别适合于新产品的开发。

（7）与传统工艺方法相结合，可实现快速铸造、快速模具制造、小批量零件输出等功能，为传统制造方法注入新的活力。

（8）应用面广。由于成型材料的多样化，使得 SLS 工艺适合于多种应用领域，如原型

设计验证、模具母模、精铸熔模、铸造型壳和型芯等

SLS 的缺点如下：

（1）表面粗糙。由于 SLS 工艺的原料是粉末状的，原型的建造是由材料粉层经加热熔化而实现逐层黏结的，因此，严格来说，原型的表面是粉粒状的，因而表面质量不高。

（2）高分子材料或者粉粒在激光烧结熔化时，一般要挥发异味气体。

（3）有时需要比较复杂的辅助工艺。例如，给原材料进行长时间的预先加热、造型完成后需要对模型进行表面浮粉的清理等。

4. 立体光固化成型

立体光固化成型（Stereo Lithography Apparatus，SLA）技术也是目前最为成熟和广泛应用的一种 3D 打印技术，其工作原理如图 4-14 所示。通过 CAD 设计出三维实体模型，利用离散程序将模型进行切片处理，设计扫描路径，产生的数据将精确控制激光扫描器和升降台的运动；激光光束通过数控装置控制的扫描器，按设计的扫描路径照射到液态光敏树脂表面，使表面特定区域内的一层树脂固化，当一层加工完毕后，就会生成零件的一个截面；然后升降台下降一定距离，使固化层上覆盖另一层液态树脂，再进行第二层扫描，第二固化层牢固地黏结在前一固化层上，这样一层层叠加就形成三维工件原型。将原型从树脂中取出后，进行最终固化，再经抛光、电镀、喷漆或着色处理即得到要求的产品。

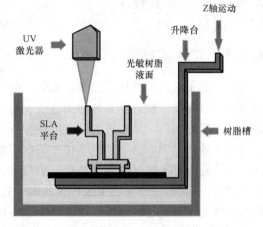

图 4-14 立体光固化成型的工作原理

SLA 技术主要用于制造多种模具或模型等，还可以在原料中通过加入其他成分，使 SLA 原型模代替熔模精密铸造中的蜡模。SLA 技术的成型速度较快、精度较高，但由于感光树脂在固化过程中产生收缩，不可避免地会产生应力或引起形变。因此，开发收缩小、固化快、强度高的光敏材料是其发展趋势。

4.2.4 3D 打印在智能制造中的发展趋势

在 3D 打印技术的推动下，传统制造业进入了新一轮产业结构调整和技术升级时期。借助 3D 打印所能制造的产品种类越来越多样。从珠宝、跑鞋到房屋、汽车，3D 打印几乎无所不能，甚至人类的牙齿、心脏等都可以打印。总体来看，3D 打印对于传统制造工艺的影响主要体现在两个方面，一个是产品的设计方面，另一个是产品的制造方面。在产品的设计阶段，采用 3D 打印技术后，产品的研发人员可以借助 3D 打印技术制作出相应的产品模型，在缩短产品研发周期的同时，产品研发成本也降低了许多。而在产品的制造过程中，借助 3D 打印前沿技术，传统制造流程中不必要的环节被有效剔除，材料的利用率也得到了进一步提高。尤其值得重视的是，对于结构复杂、精确度较高的产品而言，采用 3D 打印往往能够实现较好的效果。

在传统的制造业流程中，不管什么行业，设计师的图纸都需要在拆分为各个元素后去开模，然后再组装，其弊病就是花费的周期比较长。而当设计师对模型做出调整后，相同的步

骤又不得不重复一遍，循环往复。而有了 3D 打印，设计师的图纸可以快速变成实体的东西，然后开模，进行规模化大生产。3D 打印的意义，更在于节约了设计环节的时间成本。

据统计，3D 打印在航空航天领域应用所占据的市场份额就已经超过了 25%，并且随着我国对于航空航天领域建设的重视，这一数值有望进一步增加。在今后的一段时间内，由于 3D 打印能够较好地符合定制假肢、义齿等的要求，医疗保健领域将会紧随其后，在 3D 打印应用市场中占有较大的份额。

从发展趋势来看，3D 打印并不是传统制造业的对立面，而是制造业创新的引领性共性技术。不管是汽车零部件制造还是样机试制，借助 3D 打印前沿技术，不仅能在一定程度上解决传统行业的难点问题，而且也能真正满足个性化、定制化、高精度的需求。

4.3 复合加工技术

4.3.1 复合加工技术概述

复合加工是应用机械、化学、光学、电力、磁力、流体力学和声波等多种能量，在加工过程中同时运用两种或者多种加工方法，通过不同的作用原理对加工部位进行改性和去除的加工技术。它提高了加工效率，生产率一般大大高于单独用各种加工方法的生产率之和。在提高加工效率的同时，又兼顾了加工精度、加工表面质量和工具损耗等。这里主要描述的是最常见的复合加工技术——高能束加工技术，它的特点如下。

1）利用高能量密度的束流作为热源，对材料或构件进行激光加工、电子束加工、离子束加工等加工的先进特种加工技术，包括焊接、切割、打孔、喷涂、表面改性、刻蚀和精细加工等各类工艺方法，并已扩展到新型材料制备领域。

2）高能束加工技术利用高能束热源、高能量密度、可精密控制微焦点和高速扫描的技术特性，实现对材料和构件的深穿透、高速加热和高速冷却的全方位加工。高新技术产品要求：高比强度、高精度、高速度、大功率，小型化，能够在恶劣环境下可靠工作；传统机械加工难以胜任结构形状的复杂性、材料的可加工性、加工精度及表面完整性等方面的要求。

3）高能束加工技术正朝着高精度、大功率、高速度和自动控制的方向发展。广泛应用于焊接、切割、打孔等应用领域。

4.3.2 激光加工

激光加工技术是利用激光束与物质相互作用的特性对材料进行切割、焊接、表面处理、打孔、增材加工及微加工等的一门加工技术。

1. 激光产生的基本原理和分类

激光（LASER）是英语 "Light Amplification by Stimulated Emission of Radiation" 的缩写，意思为 "通过受激辐射实现光放大"。

激光产生的过程：在受激辐射跃迁的过程中，一个诱发光子可以使处在上一能级的发光粒子产生一个与该光子状态完全相同的光子，这两个光子又可以去诱发其他发光粒子，产生更多状态相同的光子。这样，在一个入射光子的作用下，可引起大量发光粒子产生受激辐射，并产生大量运动状态相同的光子。这种现象就称为受激辐射光放大。

（1）激光材料去除加工。在生产中，常用的激光材料去除加工包括激光打孔、激光切割、激光雕刻和激光刻蚀等技术。

（2）激光材料增材加工。激光材料增材加工主要包括激光焊接、激光烧结和快速成型技术。

（3）激光材料改性。激光材料改性主要有激光热处理、激光强化、激光涂覆、激光合金化和激光非晶化及微晶化等。

（4）激光微细加工。激光的微细加工起源于半导体制造工艺，是指加工尺寸约在微米级范围的加工方式。纳米级微细加工方式也叫作超精细加工。目前，激光的微细加工已成为研究热点和发展方向。

（5）其他激光加工。激光加工在其他领域中的应用有激光清洗、激光复合加工、激光抛光等。

2. 典型激光器结构及功能

激光器通常由三部分组成，即激光工作物质、泵浦源及光学谐振腔，它们是产生激光的三个前提条件。激光器的组成见表4-2。

表 4-2　激光器的组成

名称	作　用
激光工作物质	包括激活粒子与基质。为了形成稳定的激光，首先必须要有能够形成粒子数反转的发光粒子——激活粒子。它们可以是分子、原子或离子。这些激活粒子有些可以独立存在，有些则必须依附于某些材料。为激活粒子提供寄存场所的材料称为基质，它们可以是固体或液体
泵浦源	泵浦源的作用是对激光工作物质进行激励，产生粒子数反转。不同的激光工作物质往往采用不同的泵浦源
光学谐振腔	光学谐振腔的作用主要有以下两个方面：产生和维持激光振荡、改善输出激光的质量。谐振腔由放置在激光工作物质两边的两个反射镜组成，其中之一是全反射镜，另一个则作为输出镜用，是部分反射、部分透射的半反射镜

按工作物质激光器可以分为固体、气体、液体、光纤及半导体激光器等。另外，根据激光输出方式又可分为连续激光器和脉冲激光器，其中脉冲激光的峰值功率可以非常大。用于工业材料加工的主要有固体激光器、CO_2 激光器等。

（1）固体激光器。固体激光器的基本结构如图4-15所示，它主要由激光工作物质、泵浦电源、聚光腔、光学谐振腔等部分组成。

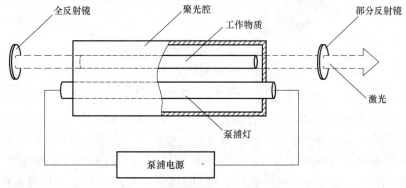

图 4-15　固体激光器的基本结构

用于材料热加工的固体激光器的工作物质主要包括红宝石、Nd：YAG（钕钇铝石榴子石）和钕玻璃。使用这三种激光物质的激光器的性能特点见表 4-3。

表 4-3　固体激光器的性能特点比较

固体激光器	特　点
红宝石激光器	属于三能级系统,机械强度大,能承受高功率密度,亚稳态寿命长,可获得大能量输出,尤其是大能量单模输出。但其阈值较高,输出性能受温度变化明显,不宜连续及高重复率运行,只能作为低重复率脉冲器件
Nd:YAG 激光器	属于四能级系统,荧光量子效率高、阈值低,并且具有热稳定性能良好、热导率高、硬度大、化学性质稳定等特点,是三种固体激光器中唯一能够连续运转的激光器,已经广泛应用于材料加工
钕玻璃激光器	属四能级系统,具有较宽的荧光谱线,荧光寿命长,易积累粒子数反转而获得大能量输出,容易加工。但其热导率较低,故只能在脉冲状态下工作

（2）高功率 CO_2 激光器。在常温下，CO_2 分子大部分处于基态，在电激励条件下，主要是通过电子碰撞直接激发和共振转移激发。新型的扩散冷却的 CO_2 激光器采用气体密封的形式，激光器具有紧凑的结构，可以采用水冷和风冷的方式，典型产品如 RO-FIN 公司 DC 系列 Slab CO_2 激光器。Slab CO_2 激光器的射频激励的气体放电发生在两个面积较大的铜电极之间，采用水冷方式冷却电极，由于电极面积大、极间距小，因此对放电腔内的气体冷却效率很高，可以得到相对高的输出功率密度。Slab CO_2 激光器的结构如图 4-16 所示。

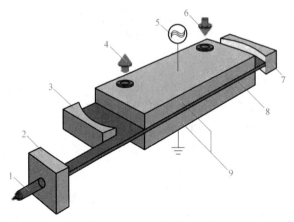

图 4-16　Slab CO_2 激光器的结构
1—激光束　2—光束整形　3—输出镜　4、6—冷却水　5—RF 激励源
7—末端镜　8—RF 激励交换器　9—波导电极

（3）大功率半导体激光器。半导体激光器是以半导体材料（主要是化合物半导体）为工作物质，以电流注入作为激励方式的一种小型化激光器。半导体激光器最早被用于光纤通信中的光信号发射器、条码阅读器、光盘刻录机等方面。大功率半导体激光器（输出功率大于 1W）的工作物质是一种层状结构。一般以 GaAs 为衬底，衬底上覆盖其他化合物层，这些化合物是由Ⅲ族（Al、Ga、In）元素和Ⅴ族（As、P）元素组成的二元、三元或四元

半导体类化合物。双异质结构 LD 激光器的基本结构如图 4-17 所示。

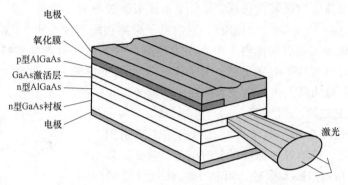

图 4-17　双异质结构 LD 激光器的基本结构

目前，大功率半导体激光器被不断引入到工业应用中，这种激光器体积更紧凑、容易水冷并且光电转换效率超过 50%。

3. 激光加工的特点

激光加工与其他加工技术相比有其独特的特点和优势，它的主要特点如下。

（1）非接触加工。激光加工属于无接触加工，切割不用刀具，切边无机械应力，也无刀具磨损和替换、拆装问题，因此可缩短加工时间；焊接时不需要电极和填充材料，再加上深熔焊接产生的纯化效应，使得焊缝杂质含量低、纯度高。聚焦激光束具有 $10^6 \sim 10^{12}$ W/cm^2 的高功率密度，可以进行高速焊接和高速切割。利用光的无惯性，在高速焊接或切割中可急停和快速启动。

（2）对加工材料热影响区小。激光束照射到的是物体表面的局部区域，虽然在加工部位的温度较高，产生的热量很大，但加工时的移动速度很快，其热影响的区域很小，对非照射的部位几乎没有影响。在实际热处理、切割及焊接过程中，加工工件基本没有变形。正是激光加工的这一特点，它已被成功地应用于局部热处理和显像管焊接中。

（3）加工灵活。激光束易于聚焦、发散和导向，可以很方便地得到不同的光斑尺寸和功率大小，以适应不同的加工要求。并且可以通过调节外光路系统来改变光束的方向，与数控机床、机器人进行连接，构成各种加工系统，从而对复杂工件进行加工。激光加工不受电磁干扰，可以在大气环境中进行加工。

（4）可以进行微区加工。激光束不仅可以聚焦，而且可以聚焦到波长级光斑，使用这样小的高能量光斑可以进行微区加工。

（5）可以透过透明介质对密封容器内的工件进行加工。

（6）可以加工高硬度、高脆性、高熔点的金属及非金属材料。

4.3.3　电子束加工

1. 电子束加工原理

在真空条件下，电子枪中的电子经加速和聚焦后产生能量密度为 $10^6 \sim 10^9 W/cm^2$ 的极细束流，将其高速冲击到工件表面上极小的部位，在几分之一微秒的时间内，其能量大部分会转换为热能，使工件被冲击部位的材料达到几千摄氏度，致使材料局部熔化或蒸发，从而通过这种方式来去除材料。也可以利用能量密度较低的电子束轰击高分子材料，切断或重新聚合其分子链，从而使高分子材料的化学性质和分子量产生变化，以便进行加工。

电子束流是由高压加速装置在真空条件下形成束斑极小的高能电子流，属于高能密度束流（High Energy Density Beam，HEDB），真空电子束的功率密度大于 $10^6 W/cm^2$，极限功率为 300kW。电子束加工是以高能电子束流作为热源，对工件或材料实施特殊的加工，是一种完全不同于传统机械加工的新工艺，其加工原理如图 4-18 所示。按照电子束加工所产生的效应，可以将其分为两大类：电子束热加工和电子束非热加工。

2. 电子束加工应用

（1）电子束打孔应用。电子束打孔可应用于不锈钢、耐热钢、宝石、陶瓷、玻璃等各种材料上的小孔、深孔。最小加工直径可达 0.003mm，最大深径比可达 10。像机翼吸附屏的孔、喷气发动机套上的冷却孔，此类孔数量巨大（高达数百万），且孔径微小，密度连续分布而孔径也有变化，非常适合电子束打孔。在塑料和人造革上打许多微孔，可使其像真皮一样具有透气性。一些合成纤维为增加透气性和弹性，其喷丝头型孔往往制成异形孔截面，可利用脉冲电子束对图形扫描制出。还可凭借偏转磁场的变化使电子束在工件内偏转方向，从而加工出弯曲的孔。

（2）电子束切割。可对各种材料进行切割，切口宽度仅有 $3\sim6\mu m$。利用电子束再配合工件的相对运动，可加工所需要的曲面。

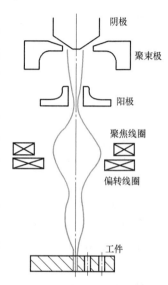

图 4-18　电子束加工原理

（3）电子束焊接的优点。电子束焊接的优点主要包括：聚集的高速电子冲击工件接缝处，可使金属迅速熔化和蒸发；焊缝深宽比大，可达 60∶1；在真空中可以进行远距离的焊接；焊接速度快，热影响区小；可实现复杂接缝的自动焊接；防止熔化金属受到氧、氮等有害气体的影响。

（4）电子束焊接缺点。电子束焊接的缺点主要包括：易受电磁场干扰；焊接时会产生对人体有害的 X 射线；被焊工件尺寸和形状受到工作场所的限制；焊接前对接头的加工和装配要求严格；设备复杂，比较昂贵。

4.3.4　超声波加工

1. 超声波加工原理

超声波加工（Ultrasonic Machining）是利用工具端面做超声频振动，通过磨料悬浮液加工硬脆材料的一种加工方法。超声波加工是磨料在超声波振动作用下的机械撞击和抛磨作用与超声波空化作用的综合结果，其中磨料的连续冲击是主要的。

声波是物体机械振动状态（或能量）的传播形式。所谓振动是指物质的质点在其平衡位置附近进行的往返运动。譬如，鼓面经敲击后，就会上下振动，这种振动状态通过空气介质向四面八方传播，这便是声波。超声波是指振动频率大于 20kHz 以上的，人在自然环境下无法听到和感受到的声波。频率高于人的听觉上限（约为 20kHz）的声波，称为超声波或超声。

当超声波在介质中传播时，由于超声波与介质的相互作用，使介质发生物理和化学的变化，从而产生一系列力学、热、电磁和化学的超声效应。

① 机械效应。超声波的机械作用可促成液体的乳化、凝胶的液化和固体的分散。

② 空化作用。超声波作用于液体时可产生大量小气泡。

③ 热效应。由于超声波频率高、能量大，因此被介质吸收时能产生显著的热效应。

④ 化学效应。超声波的作用可促使发生或加速某些化学反应。

超声波加工也称为超声加工，起源于20世纪50年代初，超声波金属表面加工是利用工具端面的超声振动，通过磨料悬浮液加工脆硬材料的一种成型方法，其机理是通过高频振动的硬质滚轮作用于待加工金属工件表面，使工件表层金属产生塑性变形，在塑性变形的过程中，产生了冷作硬化，达到了改善表面质量的目的。经过不断的发展，超声技术已逐步成熟，并在各行各业得到了良好的应用。目前，应用比较多的包括超声清洗、超声（塑料）焊接、超声钻孔、超声车削、超声磨削、超声光整等。

超声波金属表面加工是利用工具断面的超声振动，通过磨料悬浮液加工脆硬材料的一种成型方法，其加工原理如图4-19所示。加工时，在工具头与工件之间加入液体与磨料混合的悬浮液，并在工具头振动方向加上一个不大的压力，超声波发生器产生的超声频电振荡通过换能器转变为超声频的机械振动，变幅杆将振幅放大到0.01~0.15mm，再传给工具，并驱动工具端面做超声振动，迫使悬浮液中的悬浮磨料在工具头的超声振动下以很大的速度不断撞击和抛磨被加工表面，把加工区域的材料粉碎成很细的微粒，使其从材料上被击打下来。虽然每次击打下来的材料不多，但由于每秒钟击打16000次以上，所以仍存在一定的加工速度。与此同时，悬浮液受工具端部的超声振动作用而产生的液压冲击和空化现象，促使液体钻入被加工材料的隙裂处，加速了破坏作用，而液压冲击也会使悬浮工作液在加工间隙中强迫循环，从而使变钝的磨料及时得到更新。

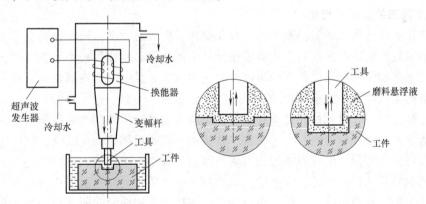

图4-19 超声波加工原理

2. 超声波加工应用

超声波加工可应用于加工各种硬脆材料的圆孔、型孔、型腔、沟槽、异形贯通孔、弯曲孔、微细孔、套料等，其加工精度和表面质量优于电火花和电解加工。

（1）超声波切割加工。与用金刚石刀具切割相比，超声波切割硬脆性材料，具有切片薄、切口窄、精度高、生产率高、经济性好的优点。切割单晶硅片时，一次可切割10~20片。

（2）超声波焊接加工。利用超声波的振动作用，去除工件表面的氧化膜，显露出新的本体表面，在两个被焊工件表面分子的高速振动撞击下，摩擦发热并黏结在一起。它不仅可以焊接尼龙、塑料、铝制品，还可以在陶瓷等非金属的表面涂覆熔化的金属涂层，以焊接一般很难焊接的稀有金属，如钛、钼、铊、锝等。

（3）超声波复合加工。超声波加工有它的应用特点、范围和加工局限性，在一个加工过程中运用两种或两种以上不同类型的加工方法，使之相辅相成，优势互补，此即复合加工。超声放电加工、超声电解加工、超声振动切削加工、超声激光加工、超声振动切削加工等可以与车削、磨削、镗削、珩磨、攻螺纹、钻削、拉削、铣削等传统制造工艺相结合，在改善工件表面质量、提高加工效率和扩大加工范围等方面具有独特而明显的技术经济效益。

3. 超声波加工的特点

（1）超声振动切削加工的特点及应用。

切削力、钻削扭矩、攻丝扭矩、切削变形小，加工精度高，表面粗糙度低，刀具寿命长，加工范围广，生产率高，可应用在精密加工和难切削材料的加工。

（2）工具磨损。由于超声波的振动，致使磨轮刀片与加工物之间产生间隙，从而大大改善了磨粒的冷却效果，并且通过防止磨粒钝化及气孔堵塞等现象的发生，还能够提高加工物的加工质量，并延长磨轮刀片的使用寿命。

（3）可大幅度地改善加工质量。即使采用与原来尺寸相同的磨粒实施加工，由于加工负荷得到了降低，所以也能够使进给速度得到大幅度的提高。

（4）即使在加工树脂和金属等韧性材料时，由于磨粒的冷却效果和超声波的作用，也能够抑制切削碎屑黏附在磨轮刀片的头部，从而能防止因气孔堵塞而导致加工不良现象的发生（毛刺增大）。

4.3.5 复合加工技术的智能化应用

1. 激光加工的智能化应用

在智能化和自动化水平下，激光加工不仅提高了生产的质量，同时也减少了工人的繁复劳动，能够很好地满足现在制造业的规模化批量生产要求。相比传统的加工方式，使用自动化和智能化水平较高的激光设备可产生巨大的成本效益，具有占地空间较少、有利于生产布局优化、节约生产空间和成本等特点。

在实际加工中，针对板材的材质和板厚，可以自动进行激光的光束品质调制，保证时刻都能以最适合的激光进行切割。一般而言，薄板加工需要更细的光束品质，这样才能以更集中的能量进行高速切割。但以同样的光束切割厚板的话，由于割缝太细，熔渣无法被完全吹掉，导致切割效果不佳，这时就需要偏向激光的光束品质了。高速激光切割最令人困扰的方面，可能就是加工过程中由于废料上翘而导致的与切割头相撞的问题，智能激光系统可以将可能上翘的废料自动打碎，让其自由地落入废料槽内，从源头上避免了切割头相撞的可能性。

在未来，随着激光切割机、激光焊接机、激光打标机的自动化水平和智能化程度的不断提高，将有力提升激光设备在众多行业中的应用空间，为智能制造的快速发展提供动力。

2. 电子束加工的智能化应用

用强电子束流对齿轮零件及模具表面进行加工，可以获得高质量的零件表面。电子束材料表面精整加工的工作台，通过对电子束加工路径的优化，利用可视化软件，使工作台可以按设定的加工轨迹运动。通过工作台运动精度误差补偿的优化，实现了误差的可控自动补偿，进一步提升了加工精度。

3. 超声波加工的智能化应用

为进行硬脆材料的旋转超声加工，人们研制了智能超声波发生器。智能超声波发生器的结构功能框图如图 4-20 所示。类比于数控插补原理，研究人员提出了粗精频率跟踪的自动控制方案，即频率粗调由软件实现，频率精调由锁相环电路实现。学者还对振动系统恒定振幅控制进行了理论分析。结果表明，研制的智能超声波发生器频率跟踪迅速而准确，并能实现振动系统的恒定振幅控制，可以实现振动系统的自动运行。

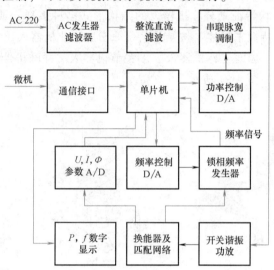

图 4-20 智能超声波发生器的结构功能框图

4.4 工业机器人技术

4.4.1 工业机器人技术概述

工业机器人是面向工业领域的多关节机械手或多自由度的机器装置，它能自动执行工作，是靠自身动力和控制能力来实现各种功能的一种机器。工业机器人可以接受人类指挥，也可以按照预先编排的程序运行，还可以根据人工智能技术制定的原则纲领行动。

乔治·迪沃在 1954 年申请了第一个机器人的专利（1961 年授予），基于该专利，成立的第一家制作机器人的公司是 Unimation，该机器人采用液压执行机构，使用关节坐标进行编程。Unimation 后来授权给日本川崎重工。1973 年，ABB 机器人（原 ASEA 公司）推出世界上全电动微型处理器控制的机器人 IRB 6。同期，库卡（KUKA）推出类似的 FAMULUS 机器人。随着汽车工业的快速发展，工业机器人应用快速普及，形成了 ABB、安川、KU-KA、FANUC 多品牌共同发展的局面。

我国工业机器人起步于 20 世纪 70 年代初，经历了 70 年代的萌芽期、80 年代的开发期和 90 年代的实用化期。目前，我国已生产出部分机器人关键元器件，开发出弧焊、点焊、码垛、装配、搬运、注塑、冲压、喷漆等工业机器人。一批国产工业机器人已服务于国内众多企业的生产线上；一些相关科研机构和企业已掌握了工业机器人操作机的优化设计制造技术以及工业机器人控制的软硬件技术，涌现出了新松、埃斯顿、华中数控、新时达、广州数控、汇川等机器人品牌。

4-3 工业机器人分类

4.4.2 工业机器人分类

工业机器人的种类很多，其功能、特征、驱动方式、应用场合等不尽相同。关于机器人的分类，国际上没有制定统一的标准。从不同的角度，会有不同的分类方法。

（1）按机器人的结构特征划分。机器人的结构形式多种多样，典型机器人的运动特征用其坐标特性来描述。按结构特征来分，工业机器人通常可以分为直角坐标机器人、柱面坐标机器人、球面坐标机器人、多关节机器人、并联机器人、双臂机器人、AGV移动机器人等，其外观如图4-21所示。

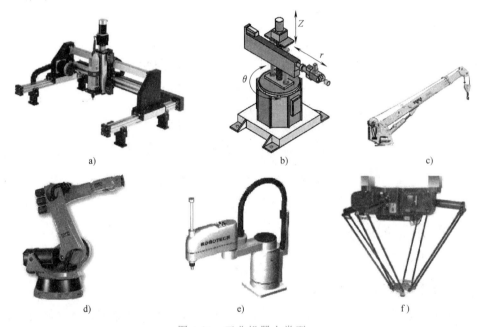

图 4-21　工业机器人类型

a）直角坐标型　b）圆柱坐标型　c）球坐标型　d）多关节型　e）平面关节型　f）并联型

（2）按控制方式划分。按照机器人的控制方式可把机器人分为非伺服控制机器人和伺服控制机器人两种。

① 非伺服控制机器人。非伺服控制机器人工作能力比较有限，它们往往涉及那些被称为"终点""抓放"或"开关"的机器人，尤其是"有限顺序"机器人。这种机器人按照预先编好的程序顺序进行工作，使用终端限位开关、制动器、插销板和定序器来控制机器人机械手的运动。非伺服控制机器人的工作原理如图4-22所示。

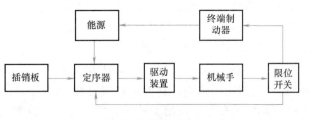

图 4-22　非伺服控制机器人的工作原理

②伺服控制机器人。伺服控制机器人比非伺服控制机器人有更强的工作能力，因而价格较贵，但在某些情况下不如简单的机器人可靠。图 4-23 表示伺服控制机器人的工作原理。伺服控制机器人又可细分为连续轨迹控制机器人和点位控制机器人。点位控制机器人的运动为点到点之间的直线运动，连续轨迹控制机器人的运动轨迹可以是空间的任意连续曲线。

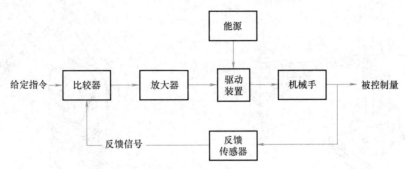

图 4-23　伺服控制机器人的工作原理

（3）按驱动方式划分。根据能量转换方式的不同，工业机器人驱动类型可以划分为液压驱动、气压驱动、电力驱动和新型驱动四种类型。

①液压驱动。液压驱动是使用液体油液来驱动执行机构的。与气压驱动机器人相比，液压驱动机器人具有更强的负载能力，其结构紧凑、传动平稳，但液体容易泄漏，不宜在高温或低温场合作业。

②气压驱动。气压驱动机器人是以压缩空气来驱动执行机构的。这种驱动方式的优点是：空气来源方便，动作迅速，结构简单。缺点是：工作的稳定性与定位精度不高，抓力较小，所以常用于负载较小的场合。

③电力驱动。电力驱动是利用电动机产生的力矩驱动执行结构的。目前，越来越多的机器人采用电力驱动方式，电力驱动易于控制，运动精度高，成本低。

④新型驱动。伴随着机器人技术的发展，出现了利用新的工作原理制造的新型驱动器，如静电驱动器、压电驱动器、形状记忆合金驱动器、人工肌肉及光驱动器等。

4.4.3　工业机器人的核心参数

工业机器人的种类虽多，但其核心参数不外乎自由度、精度、工作范围、最大工作速度和承载能力等。

4-4　工业机器
人的核心参数

1. 自由度

自由度是指机器人所具有的独立坐标轴运动的数目，不包括手爪（末端执行器）的开合自由度。在工业机器人系统中，一个自由度就需要有一个电动机驱动。在三维空间中描述一个物体的位置和姿态（简称位姿）需要 6 个自由度。

工业机器人的自由度是根据其用途而设计的，可能小于 6 个自由度，也可能大于 6 个自由度。图 4-24 所示为 5 自由度机器人，图 4-25 所示为 6 自由度机器人。

2. 精度

工业机器人精度包括定位精度和重复定位精度。定位精度是指机器人手部实际到达位置与目标位置之间的差异，用反复多次测试的定位结果的代表点与指定位置之间的距离来表示。重复定位精度是指机器人将手部重复定位于同一目标位置的能力，以实际位置值的分散程度来表示。实际应用中，常以重复测试结果的标准偏差值的 3 倍来表示，用于衡量一系列误差值的密集度。

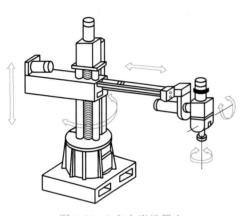

图 4-24　5 自由度机器人

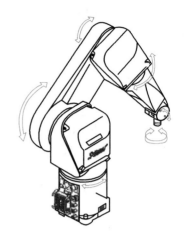

图 4-25　6 自由度机器人

3. 工作范围

工作范围是指机器人手臂末端或手腕中心所能达到的所有点的集合，也叫作工作区域。因为末端操作器的形状和尺寸是多种多样的，为了真实地反映机器人的特征参数，一般工作范围是指不安装末端操作器的工作区域。工作范围的形状和大小是十分重要的，机器人在执行某项作业时可能会因为存在手部不能到达的作业死区而不能完成任务。

4. 最大工作速度

最大工作速度，既可指工业机器人自由度上最大的稳定速度，也可指手臂末端的最大合成速度。工作速度越快，工作效率越高。但是，工作速度越快就要花费越多的时间去升速和降速。

5. 承载能力

承载能力是指机器人在工作范围内的任何位置上所能承受的最大质量。承载能力不仅决定于负载的质量，而且与机器人运行的速度、加速度的大小和方向有关。为了安全起见，承载能力这一技术指标是指高速运行时的承载能力。承载能力不仅指负载，而且包括了机器人末端操作器的质量。

4.4.4　工业机器人关节机构

1. 关节类型

在机器人机构中，两相邻连杆之间有一个公共的轴线，两杆之间允许沿该轴线相对移动或绕该轴线相对转动，构成一个运动副，也称为关节。机器人关节的种类决定了机器人的运动自由度，移动关节、转动关节、球面关节和胡克铰关节是机器人机构中经常使用的关节类型。

移动关节用字母 P 表示，它允许两相邻连杆沿关节轴线相对移动，这种关节具有 1 个自由度，如图 4-26a 所示。转动关节用字母 R 表示，它允许两相邻连杆绕关节轴线相对转动，这种关节具有 1 个自由度，如图 4-26b 所示。球面关节用字母 S 表示，它允许两连杆之间有三个独立的相对转动，这种关节具有 3 个自由度，如图 4-26c 所示。胡克铰关节用字母

T 表示，它允许两连杆之间有两个相对转动，这种关节具有 2 个自由度，如图 4-26d 所示。

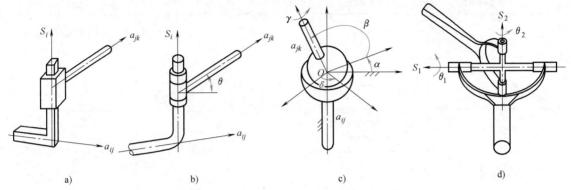

图 4-26 四种关节类型

a）移动关节 b）转动关节 c）球面关节 d）胡克铰关节

图 4-27 所示为六关节机器人的外观，包括机座、机身、大臂、小臂、腕部和手部关节，均为转动关节。该款机器人是以机座回转式部件为基础，通过机身直接连接、支承和传动机器人的其他运动机构；大臂和小臂组成的手臂部件可以支承腕部和手部，并带动它们在空间运动；确定手部的作业方向，一般需要三个自由度，这三个回转方向为绕小臂轴线方向的旋转的臂转、使手部相对于臂进行摆动和使手部绕自身的轴线方向旋转。

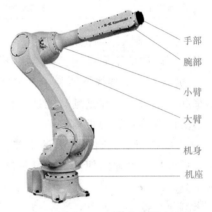

手部
腕部
小臂
大臂
机身
机座

图 4-27 六关节机器人

2. 工业机器人结构运动简图

机器人结构运动简图是指用结构与运动符号表示机器人手臂、手腕和手指等结构及结构间的运动形式的简易图形符号，如表 4-4 所示。

表 4-4 工业机器人结构运动简图

运动和结构机能	结构运动符号	图例说明	备注
移动 1			
移动 2			
摆动 1	① ②		①绕摆动轴旋转角度小于 360° ②是①的侧向图形符号
摆动 2	① ②		①能绕摆动轴 360°旋转 ②是①的侧向图形符号
回转 1			一般用于表示腕部回转

（续）

运动和结构机能	结构运动符号	图例说明	备注
回转 2			一般用于表示机身的旋转
钳爪式手部			
磁吸式手部			
气吸式手部			
行走机构			
底座固定			

3. 工业机器人末端执行器

根据实际中的不同描述，机器人的末端执行器有两种定义方式：

① 机器人的末端执行器是一个安装在移动设备或者机器人手臂上，使其能够拿起一个对象，并且具有处理、传输、夹持、放置和释放对象到一个准确的离散位置等功能的机构。

4-5 工业机器
人末端执行器

② 末端执行器也叫机器人的手部，它是安装在工业机器人手腕上，直接抓握工件或执行作业的部件。包括气动手爪之类的工业装置，以及弧焊和喷涂等领域应用的特殊工具。

末端执行器特点如下：

① 手部与手腕相连处可拆卸。手部与手腕有机械接口，也可能有电、气、液接头，当工业机器人作业对象不同时，可以方便地拆卸和更换手部。

② 手部的通用性比较差。工业机器人手部通常是专用的装置，比如：一种手爪往往只能抓握一种或几种在形状、尺寸、质量等方面近似的工件；一种工具只能执行一种作业任务。

③ 手部是一个独立的部件。假如把手腕归属于手臂，那么工业机器人机械系统的三大件就是机身、手臂和手部（末端执行器）。手部对于整个工业机器人来说是完成作业好坏、作业柔性好坏的关键部件之一。具有复杂感知能力的智能化手爪的出现，增加了工业机器人作业的灵活性和可靠性。

由于机器人的用途不同，因此要求末端执行器的结构和性能也不相同。按其功能，末端执行器可分成两大类，即手爪类和工具类。当机器人进行物件的搬运和零件的装配时，一般采用手爪类末端执行器，其特点是可以握持或抓取物体。

按其智能化程度分，可以分为普通式及智能化末端执行机构。普通式，即不具备传感器的末端执行机构；智能化，即具备一种或多种传感器的末端执行机构。

夹持类手爪与人手相似，是工业机器人常用的一种手部形式。一般由手指（手爪）和驱动装置、传动机构和承接支架组成，如图 4-28 所示，能通过手爪的开闭动作实现对物体的夹持。

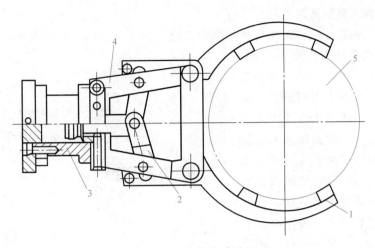

图 4-28 夹持类手爪

1—手指 2—传动机构 3—驱动装置 4—支架 5—工件

4.4.5 工业机器人控制系统

工业机器人控制系统作为机器人的重要组成部分之一，主要作用是根据操作人员的指令操作和控制机器人的执行机构使其完成作业任务的动作要求。一个良好的控制器要有便捷、灵活的操作方式，多种形式的运动控制方式和安全可靠的运行模式。构成机器人控制系统的要素主要有计算机硬件系统及操作控制软件、输入/输出设备及装置、驱动系统、传感器系统。

各要素间的关系如图 4-29 所示。

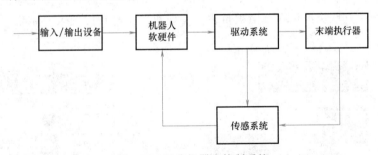

图 4-29 工业机器人控制系统

把多个独立的关节电动机伺服系统有机地协调起来使其按照人的意志行动，甚至赋予机器人一定的智能，这个任务只能由计算机来完成。因此，机器人控制系统必须是一个计算机控制系统，而计算机软件担负着更艰巨的任务，就是来求解描述机器人状态和运动的非线性数学模型。

4.4.6 智能制造中的机器人技术

机器人、信息软件系统、数字化技术、物联网技术等先进技术，正在将制造业从劳动密集型时代带向"智慧制造"时代，企业生产管理和竞争格局因此发生巨变，此时传统工厂将朝着"人机协作工厂"与"无人工厂"发展。

1. 工业机器人实现智能检测

图 4-30 所示为工业机器人在自动测试中的应用示意，这是一个将待测件从传送带入口到测试平台再到传送带出口的过程，整个过程不用人工干预，结合自动化测试设备，最终实现无人测试。当被测件加工完毕后，就会从传送带上被分配到测试系统，在被测件进入测试范围后，系统会通过激光或机器视觉发出一个就位信号。这时机械臂开始动作，将待测件抓起，准确放置到指定地点，测试过程启动。测试完成后将返回测试结果。如果不通过，则机械臂将其分配到残次品流水线；合格，则分配到良品流水线。在这期间产生的所有流程数据、测试数据都将被记录。

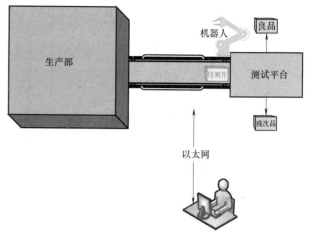

图 4-30　工业机器人在自动测试中的应用示意

2. 工业机器人的通信标准化

为了实现设备连线运行，机器人需要与同属设备层的其他设备（比如生产设备、测试设备、AGV 等）交互信息。而现状是设备之间缺乏统一的通信标准，在具体的智能制造项目实施中，现场工程人员需要花费大量的时间来定义设备间连线运行所需的变量并测试其功能。同时，因为缺乏统一的标准，不同品牌的设备间不能做到通用互换。标准的缺失提高了智能制造项目的"非标性"，带来了项目成本的上升和交付工期的延长。制定并推广机器人和相关设备的统一互联标准正在逐渐被重视。工业机器人与数控机床的标准化通信如图 4-31 所示。

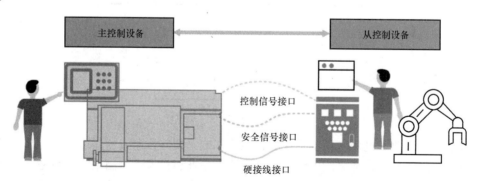

图 4-31　工业机器人与数控机床的标准化通信

3. 人机协作机器人

随着全自动化的生产与装配流水线在一定程度上得到高效应用，不久之后，人与机器之间的任务分配将成为一个普遍性的问题。这会影响到那些任务量不足以采用全自动化方案，而采用人工方案又过于繁重的应用；或者零部件差异对人工方案来说过小，而对全自动方案而言又太大的应用。在这种情况下，人机协作工厂具有决定性优势，它可以提高生产效率，提供高度灵活性，减少以往非自动化或不符合人体工程学的手工作业给工人带来的繁重工作量。自主运行的人机协作机器人将接手那些不符合人体工程学或单调乏味的工作，根据各种传感器和智能程序实现人机协作，从而帮助员工减少身体劳损，与此同时提高工作效率和灵活性（见图 4-32）。

4. 工业机器人的先进仿真技术

如图 4-33 所示为智能型工业机器人系统模型，它包含庞大的工业机器人、机构、物流系统的 3D 模型数据库，可以快速进行工厂的规划设计，在融合实际应用经验后，可精准地预测制造活动，借此确保制造工厂的生产效益。

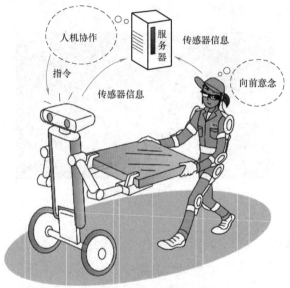

图 4-32　人机协作机器人

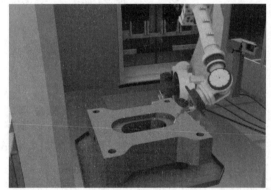

图 4-33　智能型工业机器人系统模型

4.5　机器人冲压上下料解决方案

4.5.1　冲压上下料概述

在目前众多的家电生产流水线中，部分产品零部件的冲压工序仍大量使用人工方式进行上下料，这就存在着产能低、人工成本高、产品不易于把控的缺陷。现在要进行冲压工序改造，具体包括：设计一款可用于放料平台与冲压机床之间进出料的送料机构；送料机构夹具可方便实现多数对象的调节、送料行程的设定与调节；通过工业视觉传感器识别输送带上零部件的坐标与角度；通过工业机器人实现在输送带上抓取零部件、将零部件放置于送料机构、将成品从送料机构取出并放回输送带等工序。

4.5.2　冲压上下料的硬件设计

1. 工业视觉传感器的选用

本方案选用康耐视 In-Sight 工业视觉传感器，该产品可以用来检测缺陷、监控生产线、

智能制造概论

引导装配机器人以及跟踪、分类和识别零件。它能够以 PC 速度实现业内领先的视觉工具性能，并且提供高性能视觉工具、更高速的通信和小空间高分辨率，适用于对机器空间要求较高的、集成到较小空间的应用。

通过在原有输送机上安装一个由工业铝型材制作的"门"字架，将康耐视 In-Sight 8000 系列工业视觉传感器安装在输送带的正上方（见图 4-34），并安装光源组件、镜头组件，实现对输送带上产品的坐标、角度的识别，最终将数据发送到控制系统。如图 4-35 所示为家电零部件在输送平台上时，通过视觉传感器来测量坐标与偏转角度。

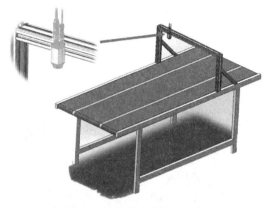

图 4-34　视觉传感器的安装

图 4-35　零部件的视觉识别

2. 机器人抓手组件

本方案选用 JAKA Zu 7 系列一体化六关节机器人，其技术指标如表 4-5 所示。在第六轴轴端的法兰上安装物料取放抓手（见图 4-36），出于整体产线生产速度的考虑，机器人抓手组件应使用双工位结构、吸盘抓取形式进行，最终实现在冲压过程中抓取、冲压完成后换料的快速供料功能。

表 4-5　JAKA Zu 7 技术指标

类别		参数
产品特性	有效负载	7kg
	自重(含电缆)	22kg
	工作半径	819mm
	重复精度	<±0.03mm
	示教器类型	移动终端 APP
	协作操作	根据 GB 11291.1—2011 进行协作操作
物理性能及其他	功耗	平均 300W
	温度范围	0~50℃
	IP 等级	IP54
	安装角度	任意角度安装
	底座直径	158mm
	材质	铝合金、PP 塑料
	机器人连接电缆长度	6m

100

（续）

类别		参数
控制柜	电源	AC100~220V，50~60Hz
	外形尺寸	600mm×325mm×400mm（W×H×D）
	质量	12kg

图 4-37 所示的抓手组件由铝合金安装支架、气动吸盘、一体式真空发生器等器件组成。其中，气动吸盘每工位各 3 只（共计 6 只），各工位均由独立的一体式真空发生器控制，并提供真空发生、消声、压力检测、真空破坏等功能。

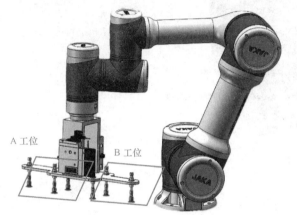

图 4-36 机器人抓手

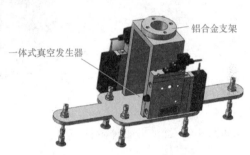

图 4-37 抓手组件

3. 冲压机床送料机构

因考虑设备冲压时间、机器人搬运时间等限制，需要在原有冲压机床上安装一组伺服送料机构，以提高设备使用效率。冲压机床送料机构由直线伺服模组、气动夹具、引导机构、冲压模具定位补偿机构等组成。其中直线伺服模组是通过伺服电动机带动滑台，实现产品及夹具在机器人放料位置与冲压机工作位置间移动；气动夹具通过气缸等附件，完成产品在输送平台上的定位；引导机构可方便实现气动夹具上的工件平顺地进入冲压机工作位；冲压模具定位补偿机构可通过机械方式实现工件进入冲压模具后的自定位。

4. 输送带测量机构

为方便实现视觉传感器的识别与协作机器人的抓取同步，在输送带下侧安装一套具有自张紧装置的编码器测速机构（见图 4-38）。通过输送带与测速轮的摩擦带动编码器旋转，可编程逻辑控制器便可对编码器发出的高速脉冲信号进行识别，计算出当前输送带移动的线速度，并将该信号通过网络发送给协作机器人，实现输送带上追随式抓取工件。

5. 机架

机架即为设备安装平台，用于安装机器人、送料模组等构件，同时集成电气控制柜、操作面板等

图 4-38 输送带测量机构

组件，具有强度高、集成性好、外观简洁、操作方便等优点。如图 4-39 所示的机架整体采用 Q235 型钢材焊接而成，使用 SUS304 不锈钢拉丝板材作为面板，集成电器柜门板使用 PMMA 板材制作。机架内部前端为电气集成部分，后部为协作机器人电控箱安装部分。同时，机架上部安装有操作面板与气动集成控制部分，方便设备操作与维护。

图 4-39　机架

如图 4-40 所示为整体解决方案。

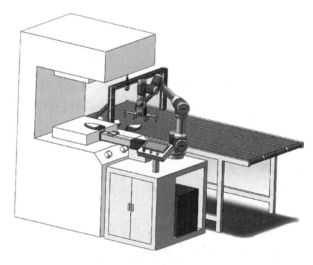

图 4-40　整体解决方案

4.5.3　视觉编程

1. 连接相机

根据康耐视接线说明书接好相机，通过网线连接上计算机。如图 4-41 所示，在计算机端打开 In-Sight 浏览器。打开"系统"菜单栏下的菜单项，或者右键单击"In-Sight 网络"栏弹出"将网络/设备添加到网络"窗口。打开相机，开机自动加载作业，如图 4-42 所示。

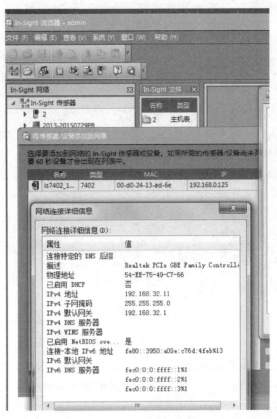

图 4-41　In-Sight 设置

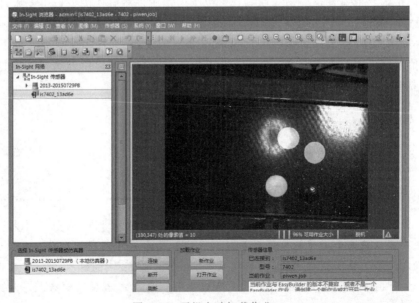

图 4-42　开机自动加载作业

2. 新建作业并设置拍照参数

如图 4-43 所示，双击"Image"，设置触发模式和曝光时间等参数，这里设置为"手动"

触发，即单击工具栏的触发图标或者按快捷键<F5>时，相机拍照。

图 4-43　相机拍照

3. 校准

将坐标变换下的 CalibrateGrid 函数拖到一空白电子表格，单击"实况视频"，调整好标定板（或者标定纸）和镜头焦距等，让标定板清晰地显示在视野中央，单击"触发器"，找出特征点数后进行"校准"。

4. 训练模板

拿走标定板，把要查找的物品放到视野范围内拍照，然后在函数栏里完成模板训练。

5. 视觉库编程

API 编程中用得比较多的是 CogToolGroup 类，它是一个工具组的类，可以把 Job（0）的工具赋值给相应的工具组变量，之后运行这个工具组，还可以用到结果分析的工具，并将结果（包括分数、坐标信息等）显示到控件上。

4.5.4　总结

在家电零部件加工领域，部署机器视觉和 JAKA Zu 7 后，产能增加了 2 倍，生产线的智能化和柔性能力也大大提高。

> **思政小贴士：国产机器人，崛起正当时**
>
> 在工业机器人领域，中国是最大消费国，也是最大生产国。两个"最大"背后，是中国工业机器人产业奋力追赶、逐步扭转对外依赖局面的宏大图景，也是无数幼苗成长为大树的励志故事。在工信部等 15 个部门印发的《"十四五"机器人产业发展规划》里提出："十四五"期间，将推动一批机器人核心技术和高端产品取得突破，整机综合指标达到国际先进水平，关键零部件性能和可靠性达到国际同类产品水平；具体到工业机器人，重点任务包括研制高精度、高可靠性的焊接机器人，面向半导体行业的自动搬运、智能移动与存储等真空（洁净）机器人，面向 3C、汽车等领域的协作机器人等。

【思考与练习题】

4.1 请阐述数控机床的组成部分。如果将数控机床作为智能制造系统的一个组成部分，它的哪一部分将通过什么方式与上位管理系统相连？

4.2 数控系统的主要功能是什么？在智能制造中，将会如何生产数控加工代码？

4.3 在机床的智能加工技术中，虚拟化加工和防碰撞是怎么实现的？

4.4 请列表说明常见的 3D 打印方法。

4.5 请举例说明在智能制造中为何需要 3D 打印技术？

4.6 阐述复合加工方式中常见三种类型的工作原理。

4.7 工业机器人的分类方式有几种？具体怎么分类？

4.8 请从网上下载一份国产机器人的资料，并举例说明其核心指标。

4.9 两台机器人为 6 台机床提供上下料服务，如图 4-44 所示，请说明机器人的关节移动方式以及如何协调控制机床和机器人之间的动作。

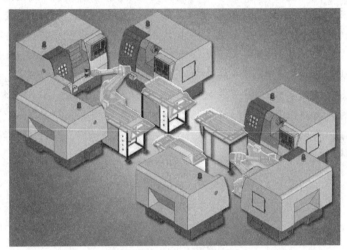

图 4-44 题 4.9 图

第5章

智能物联技术

 **导读**

　　物联网是新一代信息技术的重要组成部分，也是"信息化"时代的重要发展阶段。在智能制造项目规划中，物联网通过智能感知、识别技术等多类型通信技术，广泛应用于生产设备、生产流程、生产计划、物流管理等信息融合架构中。通过采用 RFID 技术、二维码识别技术、蓝牙技术、WiFi 技术、ZigBee 技术、移动通信技术等，可以将设备和环境数据的采集方式从单点拓展到全局，能够在同一个智能制造平台中对所有的设备运行数据和环境数据进行整体分析。采用智能物联技术，结合智能传感与智能控制，就可以将生产设备的故障与检修模式由被动变为主动，从而进一步降低产品的维护成本和运行风险。本章还介绍了工厂设备进行智能化改造的实现路径，包括生产设备数据采集需求、生产设备数据采集实现方法、设备智能化的实施流程等。

 **知识图谱**

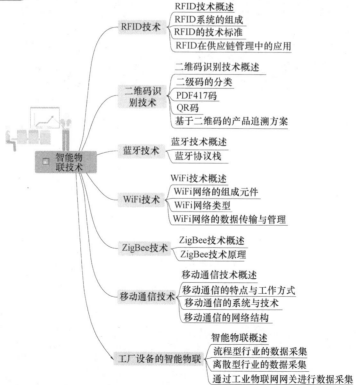

5.1 RFID 技术

5.1.1 RFID 技术概述

射频识别（Radio Frequency Identification，RFID），又称无线射频识别，是一种通信技术，可通过无线电信号识别特定目标并读写相关数据，而无须识别系统与特定目标之间建立机械或光学接触。RFID 技术作为构建"物联网"的关键技术，近年来越来越受到企业的关注，其主要应用在门禁控制、供应链、库存跟踪、生产控制、资产管理等系统中。

在如图 5-1 所示的 RFID 识别系统中，无线电信号通过调制成无线电频率的电磁场，把数据从附着在物品上的电子标签上传送出去，再通过与主机相连的读写器自动辨识与追踪该物品。某些电子标签在识别时从识别器发出的电磁场中就可以得到能量，并不需要电池；也有些电子标签本身拥有电源，并且可以主动发出无线电波（调制成无线电频率的电磁场）。电子标签包含了电子存储的信息，数米之内都可以识别。与条码不同的是，射频标签不需要处在识别器视线之内，也可以嵌入被追踪物体之内。

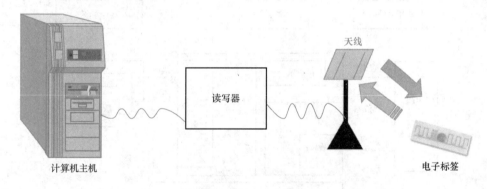

图 5-1 RFID 识别系统

RFID 的基本原理就是将 RFID 电子标签安装在被识别的物体上，读写器通过发射天线发射一定频率的射频信号，当被标识的物体进入读写器的阅读范围时，利用电磁耦合或者电磁反向散射耦合进行通信。

1. 电感耦合

电感耦合是一种变压器模型，它通过空间高频交变磁场实现耦合，依据的是电磁感应原理（见图 5-2）。电感耦合适用于低频和中频，例如，125kHz、13.56MHz 等，但作用距离有限。

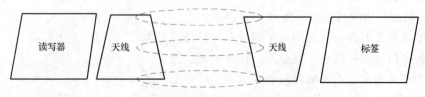

图 5-2 电感耦合

2. 电磁反向散射耦合

电磁反向散射耦合所利用的反向散射调制技术，是通过无源 RFID 将数据发送给读写器的方式（见图 5-3）来实现的。标签返回数据的方式是控制天线的阻抗，方法有多种，都是基于一种阻抗开关的方法。实际采用的阻抗开关有变容二极管、逻辑门与高速开关等。常用的频率有 433MHz、915MHz、2.45GHz、5.8GHz 等，作用距离可达 3~10m。

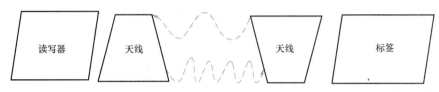

图 5-3 电磁反向散射耦合

5.1.2 RFID 系统的组成

典型的 RFID 系统主要由读写器、电子标签和应用系统软件组成，如图 5-4 所示。

5-1 RFID 系统的组成

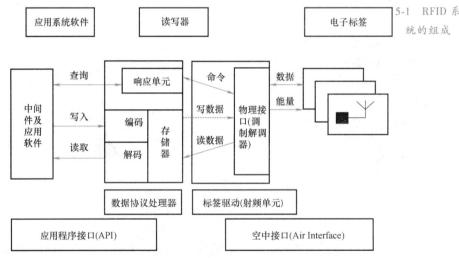

图 5-4 RFID 系统的组成

1. 读写器

读写器（Reader）又称阅读器，主要负责与电子标签的双向通信，同时接收来自主机系统的控制指令。读写器的频率决定了 RFID 系统工作的频段，其功率决定了射频识别的有效距离。读写器根据使用的结构和技术的不同可以是读或读/写装置，它是 RFID 系统的信息控制和处理中心。它通常由射频接口、逻辑控制单元和天线三部分组成（见图 5-5）。

（1）射频接口模块的主要任务和功能如下。

① 产生高频发射能量，激活电子标签并为其提供能量。

② 对发射信号进行调制，将数据传输给电子标签。

③ 接收并调制来自电子标签的射频信号。

需要注意的是，在射频接口中有两个分隔开的信号通道，分别用于电子标签和读写器两个方向的数据传输。

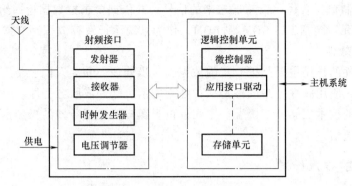

图 5-5 读写器

（2）逻辑控制单元也称读写模块，主要任务和功能如下。

① 与应用系统软件进行通信，并执行从应用系统软件发送过来的指令。

② 控制读写器与电子标签的通信过程。

③ 信号的编码与解码。

④ 对读写器和标签之间传输的数据进行加密和解密。

⑤ 执行防碰撞算法。

⑥ 对读写器和标签的身份进行验证。

（3）天线是一种能将接收到的电磁波转换为电流信号，或者将电流信号转换成电磁波发射出去的装置。在 RFID 系统中，读写器必须通过天线来发射能量，从而形成电磁场，通过电磁场对电子标签进行识别。因此，读写器天线所形成的电磁场范围即为读写器的可读区域。

2. 电子标签

电子标签（Electronic Tag）也称为智能标签（Smart Tag），是由 IC 芯片和无线通信天线组成的超微型的小标签，其内置的射频天线用于和读写器进行通信（见图 5-6）。电子标签是 RFID 系统中真正的数据载体。系统工作时，读写器发出查询（能量）信号，标签（无源）在收到查询（能量）信号后将其一部分能量整流为直流电源供电子标签内的电路工作，另一部分能量信号则被电子标签内保存的数据信息调制后反射回读写器。

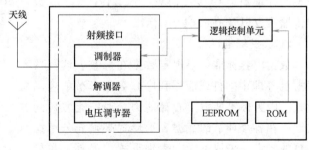

图 5-6 电子标签

电子标签内部各模块的功能如下。

（1）天线：用来接收由读写器送来的信号，并把要求的数据传送回给读写器。

（2）电压调节器：把由读写器送来的射频信号转换为直流电源，并经大电容存储能量，再通过稳压电路以提供稳定的电源。

（3）调制器：逻辑控制电路送出的数据经调制电路调制后加载到天线返回给读写器。

（4）解调器：去除载波，取出调制信号。

（5）逻辑控制单元：译码读写器送来的信号，并依据要求把数据返回给读写器。

（6）存储单元：包括 EEPROM 和 ROM，作为系统运行及存放识别数据。

3. 应用系统软件

应用系统软件的作用主要是把收集的数据进一步处理，并为人们所使用，它包括中间件和数据库等分布式应用软件。中间件是一种独立的系统软件或服务程序。分布式应用软件借助中间件在不同的技术之间共享资源。中间件位于客户机、服务器的操作系统之上，管理计算机资源和网络通信。

5.1.3 RFID 的技术标准

ISO/IEC 是信息技术领域最重要的标准化组织之一。ISO/IEC 认为 RFID 是自动身份识别和数据采集的一种很好手段，制定 RFID 标准不仅要考虑物流供应链领域的单品标识，还要考虑电子票证、物品防伪、动物管理、食品与医药管理、固定资产管理等应用领域。

ISO/IEC 的通用技术标准可以分为数据采集和信息共享两大类。数据采集类技术标准涉及标签、读写器、应用程序等，可以理解为本地单个读写器构成的简单系统，也可以理解为大系统中的一部分，其层次关系如图 5-7 所示。而信息共享类就是 RFID 应用系统之间实现信息共享所必需的技术标准，如软件体系架构标准等。

在图 5-7 中，左半图是普通 RFID 标准分层框图，右半图是近年来新增加辅助电源和传感器功能以后的 RFID 标准分层框图。它清晰地显示了各标准之间的层次关系，自下而上先是 RFID标签标识编码标准 ISO/IEC 15963，然后是空中接口协议 ISO/IEC 18000 系列、ISO/IEC 15962和 ISO/IEC 24753 数据传输协议，最后是 ISO/IEC 15961 应用程序接口。与辅助电源和传感器相关的标准有空中接口协议、ISO/IEC 24753 数据传输协议以及 IEEE 1451 标准。

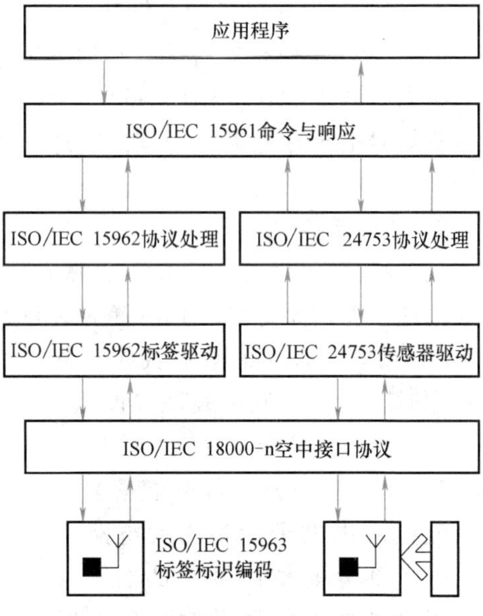

图 5-7　ISO/IEC RFID 标准体系框图

1. 数据标准

数据内容标准主要规定数据在标签、读写器到主机（即中间件或应用程序）各个环节的表示形式。因为标签能力（存储能力、通信能力）的限制，在各个环节的数据表示形式必须充分考虑各自的特点，采取不同的表现形式。另外，主机对标签的访问可以独立于读写器和空中接口协议，也就是说读写器和空中接口协议对应用程序来说是透明的。

ISO/IEC 15961 规定了读写器与应用程序之间的接口，侧重于应用命令与数据协议加工器交换数据的标准方式，这样应用程序可以完成对电子标签数据的读取、写入、修改、删除等操作功能。该协议也定义了错误响应消息。

ISO/IEC 15962 规定了数据的编码、压缩、逻辑内存映射格式，以及如何将电子标签中的数据转化为对应用程序有意义的方式。该协议提供了一套数据压缩的机制，能够充分利用电子标签中的有限数据存储空间和空中通信能力。

ISO/IEC 24753 扩展了 ISO/IEC 15962 的数据处理能力，适用于具有辅助电源和传感器功能的电子标签。增加传感器以后，电子标签中存储的数据量以及对传感器的管理任务大大增加，因此 ISO/IEC 24753 还规定了电池状态监视、传感器设置与复位、传感器处理等功能。

ISO/IEC 15963 规定了电子标签唯一标识的编码标准，需要注意与物品编码的区别，物品编码是对标签所贴附物品的编码，而该标准标识的是标签自身。

2. 空中接口通信协议

ISO/IEC 18000-1《信息技术-基于单品管理的射频识别-第 1 部分：参考结构和标准化的参数定义》，它规范了空中接口通信协议中共同遵守的读写器与标签的通信参数表、知识产权基本规则等内容。这样每一个频段对应的标准就不再需要对相同的内容进行重复规定。

空中接口通信协议规范了读写器与电子标签之间的信息交互，目的是为了提高不同厂家生产设备之间的互联互通性。ISO/IEC 制定 5 种频段的空中接口协议，这种思想充分体现了标准统一的相对性，一个标准是对相当广泛的应用系统的共同需求，但不是所有应用系统的需求，一组标准可以满足更大范围的应用需求。

ISO/IEC 18000-2《信息技术-基于单品管理的射频识别-第 2 部分：适用于中频 125～134kHz》，规定了在标签和读写器之间通信的物理接口，读写器应具有与 Type A（FDX）和 Type B（HDX）标签通信的能力；规定协议和指令以及多标签通信的防碰撞方法。

ISO/IEC 18000-3《信息技术-基于单品管理的射频识别-第 3 部分：适用于高频段 13.56MHz》，规定了读写器与标签之间的物理接口、协议和命令以及防碰撞方法。关于防碰撞协议可以分为两种模式，而模式 1 又分为基本型与两种扩展型协议（无时隙无终止多应答器协议和时隙终止自适应轮询多应答器读取协议）。模式 2 采用时频复用 FTDMA 协议，共有 8 个信道，适用于标签数量较多的情形。

ISO/IEC 18000-4《信息技术-基于单品管理的射频识别-第 4 部分：适用于微波段 2.45GHz》，规定了读写器与标签之间的物理接口、协议和命令以及防碰撞方法。该标准包括两种模式，模式 1 是无源标签，工作方式是读写器先讲；模式 2 是有源标签，工作方式是标签先讲。

ISO/IEC 18000-6《信息技术-基于单品管理的射频识别-第 6 部分：适用于超高频段 860～960MHz》，规定读写器与标签之间的物理接口、协议和命令以及防碰撞方法。它包含 Type A、Type B 和 Type C 三种无源标签的接口协议，通信距离最远可以达到 10m。

ISO/IEC 18000-7《信息技术-基于单品管理的射频识别-第 7 部分：适用于超高频段 433.92MHz》，属于有源电子标签。规定读写器与标签之间的物理接口、协议和命令以及防碰撞方法。有源标签识读范围大，适用于大型固定资产的跟踪。

5.1.4　RFID 在供应链管理中的应用

如图 5-8 所示为 RFID 在供应链管理中的应用。通过在货物及包裹上安装 RFID 标签，管理系统可以通过固定安装的读写器和手持读写器在物流的各个环节和流程中实时跟踪，方便盘点、查找和比对。在业务流程中，某加工企业在接收、检验原料中就使用了 RFID；经过生产加工后，又添加了新的 RFID 标签；在入库、出库和物流运输中，可以方便地根据 RFID 所提供的货物尺寸、提货的速度要求、装卸要求等实现复杂

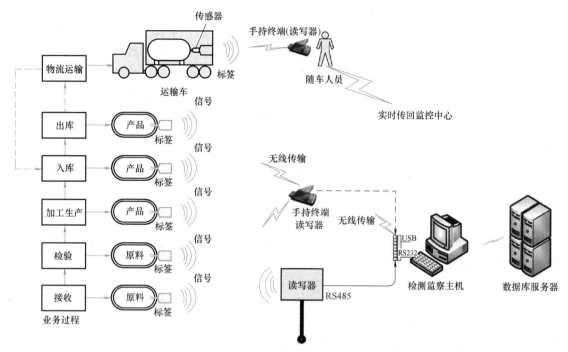

图 5-8 RFID 在供应链管理中的应用

货物的存储与提取。

RFID 可以实现的功能如下。

（1）存货可视性。利用数据块服务器集成所有所在车间或工厂的存货数据，为管理者提供不同条件下的存货动态查询。

（2）运况可视性。集成所有运输过程中配送车辆的进出站情况、车辆所载货物状态，可以将配送信息提供最终客户查询。

（3）订单可视性。所有采购进货、加工生产、销售出货情况都可以在信息平台上提供查询。

5.2 二维码识别技术

5.2.1 二维码识别技术概述

二维码是指在一维条码的基础上扩展出另一维具有可读性的条码，使用黑白矩形图案表示二进制数据，被设备扫描后可获取其中所包含的信息。一维条码的宽度记载着数据，而其长度没有记载数据。二维码的长度、宽度均记载着数据。二维码有一维条码没有的"定位点"和"容错机制"。容错机制在即使没有辨识到全部的条码，或者当条码有污损时，也可以正确地还原条码上的信息。

由于二维码具有成本低，信息可随载体移动、不依赖于数据库和计算机网络、保密防伪性能强等优点，可以大批量应用在机电产品的生产和组配线（如汽车总装线、电子产品总装线），实现数据的自动交换，也可以应用在行包、货物的运输和邮递。

5.2.2 二维码的分类

二维码的种类很多，不同的机构开发出的二维码具有不同的结构以及编写、读取方法，主要有堆叠式二维码（又称行排式二维码或堆积式二维码或层排式二维码）和矩阵式二维码（又称棋盘式二维码）两类。

（1）堆叠式二维码。堆叠式二维码包括 PDF417、Code49、Code16K、Ultracode 等。

（2）矩阵式二维码。矩阵式二维码包括 QR 码、Aztec、Data Matrix、Maxicode、龙贝码、矽感网格矩阵（GM）、矽感紧密矩阵（CM）、汉信码等。其中，龙贝码、矽感网格矩阵（GM）、矽感紧密矩阵（CM）和汉信码是具有国内专利技术的二维码。

二维码主要类型如图 5-9 所示。

图 5-9　常见的二维码

5.2.3 PDF417 码

PDF417 码是一种高密度、高信息含量的便携式数据文件，是实现证件及卡片等大容量、高可靠性信息自动存储、携带并可用机器自动识读的理想手段。PDF 是取英文 Portable Data File 三个单词的首字母的缩写，意为"便携数据文件"。因为组成条码的每一符号字符都是由 4 个条和 4 个空构成，如果将组成条码的最窄条或空称为一个模块，则上述的 4 个条和 4 个空的总模块数一定为 17，所以称 417 码或 PDF417 码（见图 5-10 所示）。

PDF417 码可表示数字、字母或二进制数据，也可以表示汉字。一个 PDF417 码最多可容纳 1850 个字符或 1108 个字节的二进制数据，如果只表示数字则可容纳 2710 个数字。PDF417

图 5-10　PDF417 码

码的纠错能力分为 9 级，级别越高，纠正能力越强。由于这种纠错功能，使得污损的 417 码也可以正确读出。目前，我国已制定了 PDF417 码的国家标准。

PDF417 码的优点如下。

（1）信息容量大。根据不同的条空比例，每平方英寸（$1 in^2 = 6.45 \times 10^{-4} m^2$）可以容纳 250 到 1100 个字符。在国际标准的证卡有效面积上（相当于信用卡面积的 2/3，约为 76mm×25mm），PDF417 码可以容纳 1848 个字母字符或 2729 个数字字符，约 500 个汉字信息。这种二维码比普通条码的信息容量高几十倍。

（2）编码范围广。PDF417 码超越了字母数字的限制，可以将照片、指纹、掌纹、签字、声音、文字等凡可数字化的信息进行编码。

（3）保密、防伪性能好。PDF417 码具有多重防伪特性，它可以通过密码防伪、软件加密及利用所包含的信息（如指纹、照片等）进行防伪，因此具有极强的保密防伪性能。

（4）译码可靠性高。普通条码的译码错误率约为百万分之二左右，而 PDF417 码的误码率不超过千万分之一，译码可靠性极高。

（5）修正错误能力强。PDF417 码采用了世界上最先进的数学纠错理论，如果破损面积不超过 50%，可以照常破译出由于沾污、破损等所丢失的信息。

（6）容易制作且成本很低。利用现有的点阵、激光、喷墨、热敏/热转印、制卡机等打印技术，即可在纸张、卡片、PVC，甚至金属表面上印出 PDF417 码。由此所增加的费用仅是油墨的成本，因此人们又称 PDF417 码是"零成本"技术。

（7）条码符号的形状可变。同样的信息量，PDF417 码的形状可以根据载体面积及美工设计等进行自我调整。

5.2.4　QR 码

如图 5-11 所示，QR 码是二维码的一种，由日本 DENSO WAVE 公司发明。QR 来自英文"Quick Response"的缩写，即快速反应的意思，源自发明者希望 QR 码可让其内容快速被解码，属于开放式的标准。QR 码比普通条码可存储更多数据，亦不必像普通条码那样，在扫描时需要直线对准扫描仪。

QR 码呈正方形，只有黑白两色。在 3 个角落，印有较小的像"回"字的正方形图案。这 3 个是帮助解码软件定位的图案，用户不需要对准，无论以任何角度扫描，数据均可正确被读取。符号规格为 21×21 模块（版本 1）到 177×177 模块（版本 40）。每一规格是每边增加 4 个模块。数据表示方法为：深色模块表示二进制"1"，浅色模块表示二进制"0"。除了标准的 QR 码之外，也存在一种称为"微型 QR 码"的格式，它是 QR 码标准的缩小版本，主

图 5-11　QR 码

要是为那些无法处理较大型扫描的应用而设计。微型 QR 码同样有多种标准，最多可存储 35 个字符。

QR 码与 PDF417 码比较，其区别如下。

（1）QR 码比 PDF417 码识别速度快，可达到 30 个／s，而 PDF417 码为 3 个／s。

（2）QR 码可以实现 360°全方向旋转识读，PDF417 码需要在±10°的范围内才能被识读。

（3）QR 码表示汉字的效率比 PDF417 码高 20%，QR 码使用 13bit 表示一个汉字，而 PDF417 使用 16bit 表示一个汉字。

（4）QR 码的数据容量大，信息密度大，最多可表示多达 3KB 的内容，而 PDF417 码最多只能表示 1KB 的内容。

（5）QR 码是正方形，PDF417 码是长方形。在数据容量相同且面积有限的情况下，QR 码可以表示更多的内容。

（6）QR 码对识读设备要求较低，PDF417 码当容量比较大时长度也会随之增加，所以就要求识读设备能够读取较长的空间。

（7）支持 QR 码开发的工具控件非常多，使用起来非常方便。

（8）QR 码又被称为手机二维码，因为它不但支持传统 PC 设备上的 Windows、Linux 等系统，还支持手机平台的主要系统，如 Android、iOS 等，而 PDF417 码目前尚未出现过类似的应用。

QR 码数据容量如表 5-1 所示。

表 5-1 QR 码数据容量

QR 码数据类型	数字	字母	二进制数（8 bit）	中文汉字
QR 码数据容量	最多 7089 字符	最多 4296 字符	最多 2953 字节	采用 UTF-8，最多 984 字符；采用 BIG5，最多 1800 字符

图 5-12 是用 QR 码制作的《千字文》，图 5-12a 中包含 960 个字符，图 5-12b 中包含 290

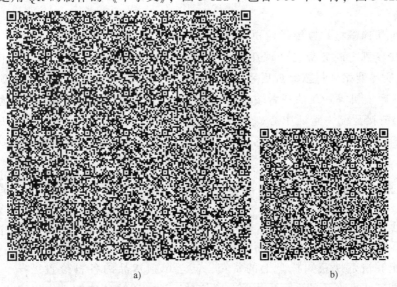

a)   b)

图 5-12 QR 码制作的《千字文》

个字符，两图合起来共 1250 个字符，为《千字文》全文（含标点）。

QR 码有容错能力，QR 码的图形如果有破损，内容仍然可以被机器读取，最高可以在 7%~30% 的面积破损的情况下仍可被读取（见表 5-2）。所以 QR 码可以被广泛使用在运输外箱上。相对地，容错愈高，QR 码图形面积愈大。所以一般折中使用 15% 容错能力。

表 5-2　QR 码的纠错方式与能力

纠错方式	QR 码的纠错能力	纠错方式	QR 码的纠错能力
L 水平	7% 的字码可被修正	Q 水平	25% 的字码可被修正
M 水平	15% 的字码可被修正	H 水平	30% 的字码可被修正

应用 QR 码最多的就是智能手机，搭配手机内的 QR 码解码软件，对着 QR 码一照，解码软件会自动解读此信息，显示于手机屏幕上面。目前，也有运用网络摄像头（Webcam）来解码。预计未来所有带镜头的科技产品，都会被导入此 QR 码的机制。运用 QR 码，用户可以简化在手机中输入目标程序，只要通过 QR 码照相手机一照，便可及时将信息存储到手机当中（见图 5-13）。

手机　　　　　二维码　　　　　拍照　　　　　解码　　　　　网址

图 5-13　QR 码的应用

QR 码主要应用的项目可分成如下四类。

（1）自动化文字传输。通常应用在文字的传输，利用快速方便的模式，让人可以轻松输入如地址、电话号码、日程安排等，并进行名片、数据信息等的快速交换。

（2）数字内容下载。通常应用于电信公司游戏及影音的下载，在账单中打印相关的 QR 码信息供消费者下载，消费者通过 QR 码的解码，就能轻松连接到下载的网页，下载需要的数字内容。

（3）网址快速链接。以提供用户进行网址快速链接、电话快速调用等。

（4）身份鉴别与商务交易。现在许多公司正在推行 QR 码防伪机制，利用商品提供的 QR 码链接至交易网站，付款完成后系统发回 QR 码以确认购买者的身份，这项技术可应用于购买票券、贩卖机等。在消费者端，也开始有企业提供了商品品牌确认的服务，消费者可以通过 QR 码链接至统一验证中心，核对商品数据是否正确，并提供生产履历供消费者查询，消费者能够更加了解商品的信息，除了能够杜绝仿冒品之外，对消费者的购物也多了一层保护。

5.2.5　基于二维码的产品追溯方案

可以在仓储与物流配送管理中，通过二维码在生产加工及商店供应链中建立可追溯系统。在物流方面，货品信息记录在托盘或货品箱的标签上。这样条码系统能够清楚地获知托盘上的货箱，甚至单独货品的各自位置、身份、储运历史、目的地、有效期及其他有用信息。该条码系统能够为供应链

5-2　基于二维码的产品追溯方案

中的实际货品提供详尽的数据，并在货品与其完整的身份之间建立物理联系，用户可方便地访问这些完全可靠的货品信息。通过条码这样的高效数据采集方式，可以将仓储物流信息及时反馈到生产加工部门，从而指导生产。

除此之外，还有利用基于二维码的食品追溯方案。原材料供应商可以在向食品厂家提供原材料时进行批次管理，将原材料的原始生产数据（如制造日期、食用期限、原产地、生产者、遗传基因组合、有无使用药剂等信息）录入到二维码中，并打印带有二维码的标签，将其粘贴在包装箱上后交与食品厂家。当原材料入库时，食品厂家可以使用数据采集器读取二维码，得到原材料的原始生产数据。如图 5-14 所示。通过该数据就可以马上确认交货的产品是否符合厂家的采购标准，然后将原材料入库。

图 5-14　基于二维码的食品追溯方案

根据当天的生产计划来制作配方。根据生产计划单，员工从仓库中提取必要的原材料，按各个批次要求使用各种原材料的重量进行称重、分包，在分包的原材料上粘贴带有二维码的标签，码中含有原材料名称、重量、投入顺序、原材料号码等信息。

根据生产计划指示，打印带有二维码的看板并放置在生产线的前方。看板上的二维码中录入有作业指示内容。在混合投入原材料时，使用数据采集器按照作业指示读取看板上的码及各原材料上的二维码，以此来确认是否按生产计划正确进行投入并记录使用原材料的信息。在原材料投入后的各个检验工序，使用数据采集器录入以往手工记录的检验数据，省去手工记录的环节。将数据采集器中收集到的数据上传到计算机中，计算机生成生产原始数据，使得产品、原材料追踪成为可能，摆脱了以往使用纸张的管理方式。最后，使用该数据库在互联网上向消费者公布产品的原材料信息。

5.3　蓝牙技术

5.3.1　蓝牙技术概述

蓝牙（Bluetooth）是一种无线技术标准，可实现固定设备、移动设备和

5-3　蓝牙
技术概述

楼宇个人域网之间的短距离数据交换（使用 2.4~2.48GHz 的 ISM 波段的 UHF 无线电波）。蓝牙技术最初由爱立信创制，当时是作为 RS232 数据线的替代方案，用于连接多个设备，以解决数据同步的难题。

如今蓝牙由蓝牙技术联盟（Bluetooth Special Interest Group）管理。蓝牙技术联盟在全球拥有超过 25000 家成员公司，它们分布在电信、计算机、网络和消费电子等多重领域。蓝牙技术联盟负责监督蓝牙规范的开发，管理认证项目，并维护商标权益。制造商的设备必须符合蓝牙技术联盟的标准才能以"蓝牙设备"的名义进入市场。蓝牙技术拥有一套专利网络，可发放给符合标准的设备。蓝牙有 V1.1、1.2、2.0、2.1、3.0、4.0 等版本，以通信距离来划分，不同版本还可再分为 Class A（1）/Class B（2）。

蓝牙是一种短距离无线通信的技术规范（一般 10m 内），它能在包括移动电话、PDA、无线耳机、笔记本计算机、相关外设等众多设备之间进行无线信息交换。开发者在制定蓝牙规范之初，就建立了全球统一的目标，向全球公开发布，工作频段为全球统一开放的 2.4GHz 工业、科学和医学（Industrial, Scientific and Medical, ISM）频段。从目前的应用来看，由于蓝牙体积小、功率低，其应用已不局限于计算机外设，几乎可以被集成到任何数字设备之中，特别是那些对数据传输速率要求不高的移动设备和便携设备。蓝牙数据速率为 1Mbit/s。采用时分双工传输方案实现全双工传输。

蓝牙技术的特点可归纳为如下几点。

（1）全球范围适用。蓝牙工作在 2.4GHz 的 ISM 频段，全球大多数国家 ISM 频段的范围是 2.4~2.4835GHz，使用该频段无需向各国的无线电资源管理部门申请许可证。

（2）可同时传输语音和数据。蓝牙采用电路交换和分组交换技术，支持异步数据信道、三路语音信道以及异步数据与同步语音同时传输的信道。每个语音信道的数据速率为 64kbit/s，语音信号编码采用脉冲编码调制（PCM）或连续可变斜率增量调制（CVSD）方法。当采用非对称信道传输数据时，速率最高为 721kbit/s，反向为 57.6kbit/s；当采用对称信道传输数据时，速率最高为 342.6kbit/s。

（3）可以建立临时性的对等连接。根据蓝牙设备在网络中的作用，可分为主设备（Master）与从设备（Slave）。主设备是组网连接主动发起连接请求的蓝牙设备，几个蓝牙设备连接成一个皮网（Piconet）时，其中只有一个主设备，其余的均为从设备。皮网是蓝牙最基本的一种网络形式，最简单的皮网是一个主设备和一个从设备组成的点对点的通信连接。

（4）ISM 频带是对所有无线电系统都开放的频带，因此使用其中的某个频段都会遇到不可预测的干扰源。如图 5-15 所示为蓝牙的 ISM 频带。

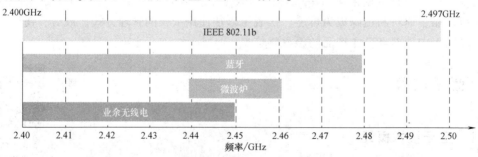

图 5-15　蓝牙的 ISM 频带

为防止干扰，蓝牙特别设计了快速确认和跳频方案以确保链路稳定。跳频技术是把 2.4~2.48GHz 的频段分成 79 个频点，相邻频点间隔 1MHz；无线电收发器按一定的码序列（即一定的规律，技术上叫作"伪随机码"，就是"假"的随机码）不断地从一个信道"跳"到另一个信道，每秒钟频率改变 1600 次，每个频率持续 625μs；只有收发双方会按照这个规律进行通信，而其他的干扰则不可能按同样的规律进行；跳频的瞬时带宽是很窄的，但可以利用扩展频谱技术使这个窄频带成百倍地扩展成宽频带，使干扰可能造成的影响降到很小。蓝牙采用了跳频方式来扩展频谱。

5.3.2 蓝牙协议栈

规范蓝牙技术的目的是使符合该规范的各种应用之间能够实现互操作，互操作的远端设备需要使用相同的协议栈，不同的应用需要不同的协议栈。但是，所有的应用都要使用蓝牙技术所规范的数据链路层和物理层。蓝牙协议栈的体系结构由底层硬件模块、中间协议层和高端应用层三部分组成（见图 5-16）。

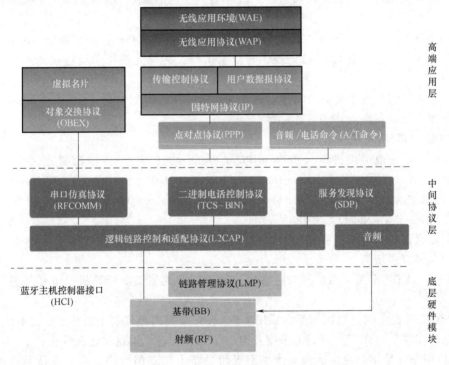

图 5-16 蓝牙协议栈的体系结构

1. 底层硬件模块

它包括链路管理协议（Link Manager Protocol，LMP）、基带（Base Band，BB）、射频（Radio Frequency，RF）等三部分。

射频（RF）通过 2.4GHz 的 ISM 频段实现数据流的过滤和传输。

基带（BB）提供两种不同的物理链路，即同步的面向连接（Synchronous Connection Oriented，SCO）的链路和异步无连接链路（Asynchronous Connection less Link，ACL），负责跳频和蓝牙数据，及信息帧的传输，且对所有类型的数据包提供不同层次的前向纠错码（Frequency Error Correction，FEC）或循环冗余度差错校验（Cyclic Redundancy Check，CRC）。

链路管理协议（LMP）负责两个或多个设备链路的建立和拆除，及链路的安全和控制，如鉴权和加密、控制和协商基带包的大小等，它为上层软件模块提供了不同的访问入口。主机控制器接口（Host Controller Interface，HCI）是蓝牙协议中软硬件之间的接口，提供了一个调用下层 BB、LMP、状态和控制寄存器等硬件的统一命令，上下两个模块接口之间的消息和数据的传递必须通过 HCI 的解释才能进行。

2. 中间协议层

它由逻辑链路控制和适配协议（Logical Link Control and Adaptation Protocol，L2CAP）、服务发现协议（Service Discovery Protocol，SDP）、串口仿真协议（或称线缆替换协议 RFCOMM）、二进制电话控制协议（TCS）等构成。

L2CAP 位于基带（BB）之上，向上层提供面向连接的和无连接的数据服务，它主要完成数据的拆装、服务质量控制、协议的复用、分组的分割和重组，以及组提取等功能。

SDP 是一个基于客户/服务器结构的协议，它工作在 L2CAP 层之上，为上层应用程序提供一种机制来发现可用的服务及其属性，服务的属性包括服务的类型及该服务所需的机制或协议信息。

RFCOMM 是一个有线链路的无线数据仿真协议，符合 ETSI 标准的 TS07.10 串口仿真协议。它在蓝牙基带上仿真 RS-232 的控制和数据信号，为原先使用串行连接的上层业务提供传送能力。

TCS 定义了用于蓝牙设备之间建立语音和数据呼叫的控制信令（Call Control Signalling），并负责处理蓝牙设备组的移动管理过程。

3. 高端应用层

高端应用层由点对点协议（Point-to-Point Protocol，PPP）、传输控制协议/网络层协议（TCP/IP）、用户数据包协议（User Datagram Protocol，UDP）、对象交换（Object Exchange，OBEX）协议、无线应用协议（Wireless Application Protocol，WAP）、无线应用环境（Wireless Application Environment，WAE）等组成。

PPP 定义了串行点对点链路应当如何传输因特网协议数据，主要用于 LAN 接入、拨号网络及传真等应用规范。

TCP/IP、UDP 定义了因特网与网络相关的通信及其他类型计算机设备和外围设备之间的通信。

OBEX 支持设备间的数据交换，采用客户/服务器模式提供与 HTTP（超文本传输协议）相同的基本功能。可用于交换的电子商务卡、个人日程表、消息和便条等格式。

WAP 用于在数字蜂窝电话和其他小型无线设备上实现因特网业务，支持移动电话浏览网页、收取电子邮件和其他基于因特网的协议。

WAE 提供用于 WAP 电话和个人数字助理（Personal Digital Assistant，PDA）所需的各种应用软件。

5.4 WiFi 技术

5.4.1 WiFi 技术概述

WiFi 的英文全称是 Wireless Fidelity，即无线保真，它同时还是 802.11b 标准。它的最大优点就是传输速度较高，可以达到 11Mbit/s，另外它的有效距离也很长，同时可以与已有的各种 802.11DSSS 设备兼容。

WiFi 是一种可以将个人计算机、手持设备（如 iPad、手机）等终端以无线方式互相连接的技术，事实上它是一个高频无线电信号。无线保真是一个无线网络通信技术的品牌，由 WiFi 联盟所持有。目的是改善基于 IEEE 802.11 标准的无线网络产品之间的互通性。有人把使用 IEEE 802.11 系列协议的局域网就称为无线保真。甚至把无线保真等同于无线网际网络（WiFi 是 WLAN 的重要组成部分）。

无线网络在无线局域网的范畴是指"无线相容性认证"，实质上是一种商业认证，同时也是一种无线联网技术，以前通过网线连接计算机，而无线保真则是通过无线电波来联网；常见的方法就是一个无线路由器，在这个无线路由器的电波覆盖的有效范围内都可以采用无线保真连接方式进行联网，如果无线路由器连接了一条 ADSL 线路或者别的上网线路，则又被称为热点。

WiFi 第一个版本发表于 1997 年，其中定义了介质访问控制（MAC）层和物理层。物理层定义了工作在 2.4GHz 的 ISM 频段上的两种无线调频方式和一种红外传输方式，总数据传输速率设计为 2Mbit/s。两个设备之间的通信可以自由直接（ad hoc）的方式进行，也可以在基站（Base Station，BS）或者接入点（Access Point，AP）的协调下进行。

1999 年加上了两个补充版本：802.11a 定义了一个在 5GHz 的 ISM 频段上的数据传输速率可达 54Mbit/s 的物理层，802.11b 定义了一个在 2.4GHz 的 ISM 频段上但数据传输速率高达 11Mbit/s 的物理层。2.4GHz 的 ISM 频段为世界上绝大多数国家通用，因此 802.11b 得到了最为广泛的应用。苹果公司把自己开发的 802.11 标准起名叫 AirPort。1999 年，工业界成立了 WiFi 联盟，致力于解决符合 802.11 标准的产品的生产和设备兼容性问题。

图 5-17 所示为 WiFi 网络的协议栈，图 5-18 为 WiFi 网络的结构。

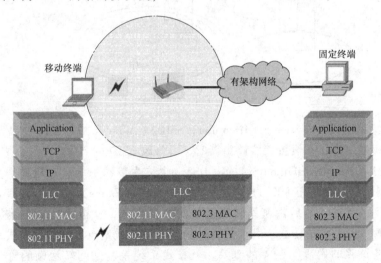

图 5-17　协议栈

5.4.2　WiFi 网络的组成元件

图 5-19 所示为构成 WiFi 网络的组成元件。

5-4　WiFi 网络的组成元件

（1）站点（Station，STA）。所谓的站点，是指具有 WiFi 通信功能的，并且连接到无线网络中的终端设备，如手机、平板计算机、笔记本计算机等。SS：Service Station，服务站点，由若干个 STA 构成。

（2）接入点（Access Point，AP），也可称为基站。AP 就是平常所说的 WiFi 热点，相当于一个转发器，将互联网上其他服务器的数据转发给用户终端。

（3）基本服务集（Basic Service Set，BSS）。基本服务集的组成情况有两种：一种是由一个接入点和若干个站点组成；另一种是由若干个站点组成，最少两个。为什么要这样分呢？这主要和 802.11 的网络类型有关。有接入点的，称为基础结构型基本服务集；无接入点的，称为独立型基本服务集。

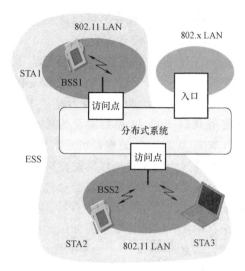

图 5-18　WiFi 网络结构

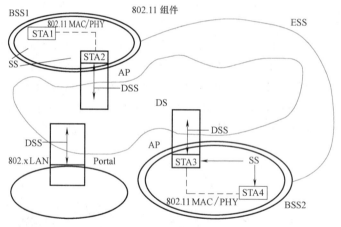

图 5-19　WiFi 网络的组成元件

（4）服务集识别码（Service Set IDentifier，SSID）。WiFi 账号就是一种典型的 SSID，它是通过接入点广播出来，在设置无线路由器时，可修改 SSID 的名称。

（5）分布式系统（Distribution System，DS），也称为传输系统。它通过基站将多个基本服务集连接起来。而 DS 属于 802.11 的逻辑元件，当帧（Frame）传送至分布式系统时，随即会被送至正确的基站，然后由基站转送至目的站点 STA。分布式系统必须负责追踪站点 STA 的实际位置，以及帧的传送。若要传送帧给某台移动式站点 STA，分布式系统必须负责将其传递给服务该移动式站点 STA 的基站。分布式系统是基站间转送帧的骨干网络，通常称为骨干网络（Backbone Network）。DSS：Distribution System Service，它指明 DS 应具有的功能，DS 联合了各个 DSS。

（6）扩展服务集（Extended Service Set，ESS）。由一个或者多个基本服务集通过分布式系统串联在一起就构成了 ESS。通过 ESS，我们可以扩展无线网络的覆盖范围。

（7）门桥（Portal）。802.11 定义的新名词，其作用就相当于网桥。用于将无线局域网和有线局域网或者其他网络联系起来。所有来自非 802.11 局域网的数据都要通过门桥才能进入 IEEE 802.11 的网络结构。门桥可以使这两种类型的网络实现逻辑上的综合。

5.4.3 WiFi 网络类型

网络类型主要是在基本服务集（BSS）中进行分类，有独立型基本服务集和基础结构型基本服务集两种。

1. 独立型基本服务集

独立型基本服务集（Independent BSS，IBSS），如图 5-20a 所示。在 IBSS 中，每个站点不需要通过接入点 AP 就可以与相同 IBSS 下的任何其他站点建立通信。两者间的距离必须在可以直接通信的范围内。通常，IBSS 是由少数几台工作站针对特定目的而组成的临时性网络，最低限度的 IBSS，是由两个站点组成的。IBSS 有时被称为特设网络（ad hoc network）。

2. 基础结构型基本服务集

基础结构型基本服务集（Infrastructure BSS），如图 5-20b 所示。判断是否为基础结构型网络，只要检视是否有基站参与其中。基站负责基础结构型网络中的所有传输，包括同一服务区域中所有行动节点之间的通信。

位于基础结构型基本服务集的移动式站点，如有必要跟其他移动式站点通信，必须经过两个步骤。首先，由开始对话的站点将帧传递给基站。其次，由基站将此帧转送至目的站点。既然所有通信都必须通过基站，基础结构型网络所对应的基本服务区域就相当于基站的传送范围。

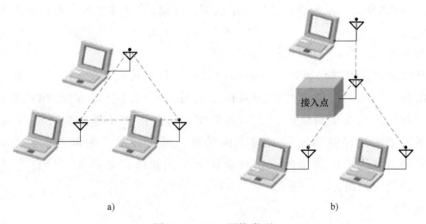

a)   b)

图 5-20   WiFi 网络类型

a）独立型基本服务集   b）基础结构型基本服务集

5.4.4 WiFi 网络的数据传输与管理

由于 WiFi 网络具有移动性，同时 WiFi 以无线电波作为传输介质，这种介质本质上是开放的，且容易被拦截，任何人都可以通过抓包工具截取无线网络的数据包。因此，在设计 WiFi 协议（其实就是 802.11 协议）时，需要提供一些传输数据和管理的服务，具体如下。

1. 分布式

只要基础结构型网络里的移动式站点传送数据，就会使用这项服务。一旦基站接收到帧，就会使用分布式服务将帧送至目的地。任何行经基站的通信都会通过分布式服务，包括连接至同一台基站的两个移动式站点彼此通信时。

2. 整合

整合服务由分布式系统提供，它让分布式系统得以连接至非 IEEE 802.11 网络。整合功能将因所使用的分布式系统而异，因此除了必须提供的服务，802.11 并未对其加以规范。

3. 关联

之所以能够将帧传递给移动式站点，是因为移动式站点会向基站登记，或与基站产生关联。关联之后，分布式系统即可根据这些登录信息判定哪个移动式站点该使用哪个基站。只有使用强健安全的网络协议，连接之后才能进行身份认证。在身份认证完成之前，基站会将丢弃来自站点的所有数据。

4. 重新关联

当移动式站点在同一个扩展服务区域里的基本服务区域之间移动时，它必须随时评估信号的强度，并在必要时切换所连接的接入点。重新关联是由移动式站点所发起的，当信号强度显示最好切换关联对象时便会如此做。接入点不可能直接开启重新关联服务。

5. 解除关联

要结束现有关联，站点可以利用解除关联服务。当站点启动解除关联服务时，储存于分布式系统的关联数据会随即被移除。一旦解除关联，站点即不再附接在网络上。在站点的关机过程中，解除关联是个常规性的动作。不过 MAC 层在设计时已经考虑到站点未正式解除关联的情况。

6. 身份认证

实体安全防护在有线局域网络安全解决方案中是不可或缺的一部分。由于网络和连接点受到限制，通常只有位于外围访问控制设备之后的办公区才能加以访问。网络设备可以通过加锁的配线柜加以保护，而办公室与隔间的网络插座只在必要时才连接至网络。无线网络无法提供相同层次的实体保护，因此必须依赖额外的身份认证程序，以保证访问网络的用户已获得授权。身份认证是关联的必要前提，唯有经过身份认证的用户才允许使用网络。

7. 解除认证

解除认证用来终结一段认证关系。因为获准使用网络之前必须经过身份认证，解除认证的副作用就是终止目前的关联。在强健安全的网络中，解除认证也会清除密钥信息。

8. 机密性

在有线局域网络中，坚固的实体控制可以防止对于数据的绝大部分攻击。攻击者必须能够实际访问网络媒介，才有可能窥视往来的内容。在有线网络中，网线与其他计算资源一样，也要受到实体保护。在设计上，实际访问无线网络，相对而言较为容易，只要使用正确的天线与调制方式就可以办到。

5.5 ZigBee 技术

5.5.1 ZigBee 技术概述

蜜蜂在发现花丛后会通过一种特殊的肢体语言告诉同伴新发现的食物源位置等信息，这种肢体语言就是 zigzag 形状舞蹈，它是蜜蜂之间一种传达信息的简单方式，ZigBee 也因此得名。ZigBee 技术是一种便宜、低功耗、高可靠性的近距离无线组网通信技术，是一个由可多达 65000 个无线数传模块组成的无线数传网络平台。在整个网络范围内，每个 ZigBee 网络节点不仅可以作为监控对象，例如网络中所连接的传感器可直接进行数据采集和控制，还可以自动中转其他网络节点传过来的数据资料。除此之外，每一个 ZigBee 网络节点还可以在自己的信号覆盖范围内，和多个不承担网络信息中转任务的孤立的子节点进行无线连接。

ZigBee 是一种开放式的基于 IEEE 802.15.4 协议的无线个人局域网（Wireless Personal Area Networks）标准。IEEE 802.15.4 定义了物理层和介质访问控制层，而 ZigBee 则定义了更高层，如网络层、应用层等。

ZigBee 无线可使用的频段有 3 个，分别是 2.4GHz 的 ISM 频段、欧洲的 868MHz 频段以及美国的 915MHz 频段，而不同频段可使用的信道分别是 16 个、1 个和 10 个，我国采用 2.4GHz 的频段，是免申请和免使用费的频率。

ZigBee 具有 IEEE 802.15.4 强有力的无线物理层所规定的全部优点：省电、简单、成本低；ZigBee 增加了逻辑网络、网络安全和应用层。ZigBee 和 IEEE 802.15.4 标准都适合低速率数据传输，最大速率为 250kbit/s，与其他无线技术比较，适合传输距离相对较近的场合。

5.5.2 ZigBee 技术原理

5-5 ZigBee 技术原理

1. ZigBee 网络分层

利用 ZigBee 技术组建的是一种低数据传输速率的无线个域网，网络的基本成员称为"设备"（Device）。网络中的设备如果按照各自作用可以分为路由器节点、终端节点和协调器节点。路由器节点起到转发数据的作用，协调器是网络的中心控制节点，一个网络只有一个，而终端节点和路由器节点数目较多，负责数据信息采集。另外，网络中的设备按照具备功能的不同分为两类，具备完整功能的全功能设备（Full Function Device，FFD）和只具备部分功能的精简功能设备（Reduce Function Device，RFD）。其中 RFD 功能非常简单，可以用较低端的微控制器实现，而 FFD 功能较全，可以作为全域网的协调器、路由器，当然也可以作为终端设备使用。一般，在一个网络里至少需要一个主协调器。

按照 OSI 模型，ZigBee 网络分为 4 层，从下向上分别为物理层（PHI）、介质访问控制层（MAC）、网络层或安全层（NWK）和应用层（APL），如图 5-21 所示。

应用层	ZigBee 联盟
网络层/安全层	
MAC 层	IEEE 802.15.4
物理层	

图 5-21 ZigBee 网络分层

ZigBee 的最底下两层即物理层和 MAC 层，使用 IEEE 802.15.4 协议标准，而网络层和应用层则由 ZigBee 联盟制定。每一层向它的上一层提供数据或管理服务。ZigBee 的应用层由应用支持子层（APS）、ZigBee 设备对象（ZDO）和制造商定义的应用对象组成。

2. ZigBee 网络拓扑

ZigBee 支持包含主从设备的星形、树形和对等拓扑结构。虽然每一个 ZigBee 设备都有一个唯一的 64 位 IEEE 地址，并且可以用这个地址在 PAN（个域网）中进行通信，但在从设备和网络协调器建立连接后会为它分配一个 16 位的短地址，此后可以用这个短地址在 PAN 内进行通信。64 位的 IEEE 地址是唯一的绝对地址，相当于计算机的 MAC 地址，而 16 位的短地址是相对地址，相当于 IP 地址。ZigBee 的几种网络拓扑结构如图 5-22 所示。

星形网络中各节点彼此并不通信，所有信息都要通过协调器节点进行转发；树形网络中包括协调器节点、路由节点和终端节点。路由器节点完成数据的路由功能，终端节点的信息一般要通过路由节点转发才能到达协调器节点，同样，协调器负责网络的管理；对等网络中的节点间彼此互连互通，数据转发一般以多跳方式进行，每个节点都有转发功能，

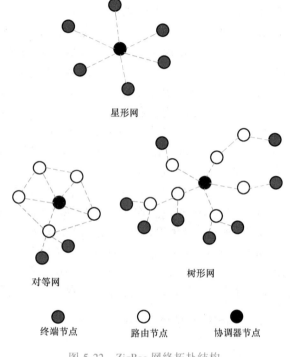

图 5-22　ZigBee 网络拓扑结构

这是一种最复杂的网络结构。通常情况下星形网和树形网络是一对多点，常用在短距离信息采集和监测等领域，而对于大面积监测通常要通过对等网络完成。

3. ZigBee 无线组网策略分析

采用 ZigBee 模块组网（见图 5-23），只需要掌握模块的使用方法，就可以像配置计算机

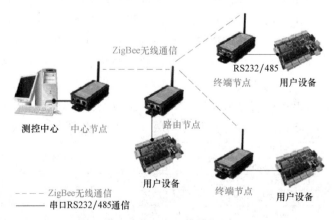

图 5-23　ZigBee 模块组网

网卡那样组建出 ZigBee 的无线网络。

5.6 移动通信技术

5.6.1 移动通信技术概述

移动通信是指通信双方或至少一方处于移动中或临时停留在某一非预定位置上时，进行信息传递和交换的通信方式。移动通信不受时间和空间的限制，交流信息机动灵活、迅速可靠。它包括移动体与固定点的信息传递和移动体之间的信息传递。一提到移动通信，很多人往往首先想到的是手机，其实移动这个概念不仅仅应用于手机，它还应用于蜂窝移动、集群调度、无绳电话、寻呼系统和卫星系统。

（1）第一代移动通信系统（1G）。以模拟蜂窝为主要特征的模拟蜂窝移动通信系统。主要技术是模拟调频（FM）和频分多址（FDMA），使用的频段为 800/900MHz（早期曾使用 450MHz）。主要缺点是频谱利用率低，系统容量有限，抗干扰能力差，业务质量比有线电话差，而且当时的国际标准化落后，有多种系统标准，跨国漫游很难，不能发送数字信息，不能与综合业务数字网（ISDN）兼容等。目前 1G 已逐步被各国淘汰。

（2）第二代移动通信系统（2G）。以数字化为特征的数字蜂窝移动通信系统。以数字传输（低比特率语音编码，采用 GMSK/QPSK 数字调制技术以及自适应均衡技术）、时分多址和码分多址为主体技术，主要业务包括电话和数据等窄带综合数字业务，可与窄带综合业务数字网（N-ISDN）兼容。时分多址（TDMA）体制主要有三种：欧洲的全球移动通信系统（GSM）、美国的数-模兼容系统（D-AMPS，又称 ADC）和日本的 PDC（或称 JDC）。码分多址（CDMA）体制主要指美国的 CDMA 标准 IS-95，又称 CDMAOne。2G 系统的主要缺点是系统带宽有限，限制了数据业务的发展，也无法实现移动多媒体业务，而且由于各国的标准不统一，无法实现各种体制之间的全球漫游。

（3）第三代移动通信系统（3G）。世界各地在开发第三代移动通信的进程中形成了北美、欧洲和日本这三大区域性集团，并推出了 WCDMA、UTRATDD 和宽带 CDMAOne 的技术方案。3G 系统于 21 世纪初投入商业运营。我国于 1998 年 6 月向国际电信联盟（ITU）提出了中国的 RTT 建议，即 TD-SCDMA 方案，被国际电信联盟吸纳，成为目前国际上的四个RTT 建议之一（即 WCDMA、CDMA2000、TD-SCDMA、WiMAX）。

（4）第四代移动通信系统（4G）。指的是第四代移动通信技术，简称为 4G。该技术包括 TD-LTE 和 FDD-LTE 两种制式。4G 集 3G 与 WLAN 于一体，并能够快速传输数据、高质量、音频、视频和图像等，它能够以 100Mbit/s 以上的速度下载，能够满足几乎所有用户对于无线服务的要求。

（5）第五代移动通信系统（5G）。5G 分为两种演进组网方式：非独立组网（None-Stand Alone，NSA）和独立组网（Stand Alone，SA）。NSA 的实现方式是通过 4G 现有网络来辅助 5G 小范围建设，并逐渐演进至完整的 5G 网络。SA 的意思是直接独立建设 5G 网络。其中，NSA 会有利于利用现有 4G 网络，可以节省开支，并能将 5G 更快推向市场，但是这样实现的 5G 功能和指标都是受限的。SA 虽然可以避免与 4G 网络整合过程中的互操作问题，但是初期成本高，部署时间长。5G 具有高速率、宽带宽、高可靠、低时延等特征。随着无线移动通信系统带宽和能力的提升，面向个人和行业的移动应用快速发展，移动通信相关产业生态将逐渐发生变化，5G不仅仅是更高速率、更大带宽、更强能力的空中接口技术，而且是面向用户体验和业务应用的智能网络。

5.6.2 移动通信的特点与工作方式

1. 移动通信的特点

（1）无线电波传播复杂。移动通信系统多建于大中城市的市区，城市中的高楼林立、高低不平、疏密不同、形状各异，这些都使移动通信传播路径进一步复杂化，并导致其传输特性变化十分剧烈。接收信号多为直射波、多径反射波、绕射波和散射波的合成波，叠加的场强起伏不定，最大可相差20~30dB。

（2）多普勒频移会产生附加调制。移动通信网和其他通信网一样，受到各种噪声［如大气噪声（次要）和城市噪声（主要）］的影响，然而它又是一个多频道、多电台同时工作的系统，因此，也会受到同频干扰、邻道干扰和互调干扰。

（3）对移动台的要求高。由于政策、技术、使用的无线电设备等原因，ITU只划定了9kHz~400GHz的范围，目前使用较高的频段只在几十GHz，受到无线传播特性的限制，4G的频率段包括1880~1900MHz、2320~2370MHz、2575~2635MHz；5G的频段包括3300~3400MHz（原则上限室内使用）、3400~3600MHz和4800~5000MHz。

移动通信的频段仅限于VHF（甚高频）、UHF（超高频），所以可用的信道容量是极其有限的。为满足不断增加的用户需求量，需要开拓新频段和在有限的已有频段中采取有效利用频率的措施，如窄带化（就是每个用户占用的频率带宽较小）、缩小频带间隔（就是缩小用户频带之间的保护间隔）、频道重复利用、多波（信）道共用、多载波传输、MIMO技术等方法来解决。

（4）建网技术复杂。由于移动台在通信区域内随时运动，需要随机选用无线信道，进行频率和功率控制、地址登记、越区切换及漫游等跟踪技术。这就使其通信比固定网要复杂得多。在入网和计费方式上也有特殊的要求，所以移动通信系统是比较复杂的。

2. 移动通信的工作方式

移动通信的工作方式有单向和双向。其中单向（广播式）传输主要应用于无线寻呼系统中，而双向通信又可分为三类：单工、双工和半双工。

（1）单工通信。所谓单工通信是指通信双方电台交替地进行收信和发信。根据收、发频率的异同，又可分为同频单工和异频单工。单工通信常用于点到点通信（见图5-24）。

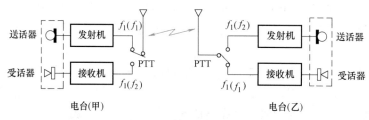

图 5-24 单工通信示意图

单工通信的优点是：①可直接通话，不用基站；②不用天线共用装置；③耗电少，设备简单，造价便宜。

单工通信的缺点是：①由于发射机和接收机使用同一个频率，当附近有邻近频率的电台工作时，就会造成强干扰，要避开强干扰的信道频率，就要允许工作信道的频率间隔较宽；②当有两个移动台同时发射时，会出现同频干扰；③操作不方便。

（2）双工通信。所谓双工通信（有时亦称全双工通信），是指通信双方可同时进行传输消息的工作方式，即任何一方讲话时，也可以听到对方的语音（见图5-25）。

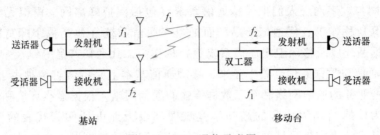

图5-25　双工通信示意图

1）频分双工（FDD）。频分双工是指上行链路（移动台到基站）和下行链路（基站到移动台）采用两个分开的频率（有一定频率间隔要求）工作，该模式工作在对称频带上。此时，发射机和接收机可以同时工作，能进行不需按键控制的双向对讲，移动台需要天线共用装置。

频分双工方式的优点是：①由于发送频带和接收频带有一定的间隔（10MHz或45MHz），因此可以大大提高抗干扰能力；②使用方便，不需要控制收发的操作，特别适合无线电话系统使用，便于与公众电话网接口；③适合多频道同时工作的系统；④适合宏小区、较大功率、高速移动覆盖。

频分双工方式的缺点是：移动台不能互相直接通话，而要通过基站转接。另外，由于发射机处于连续发射状态，因此电源耗电量大。

2）时分双工（TDD）。时分双工是一种在两个方向上（上行链路和下行链路）使用相同频率但使用不同的时间段交替发送信号的双工方式，该模式是工作在非对称频带上的，物理信道上的时间间隔分为发射和接收两个部分，通信双方的信息是交替发送的。

TDD模式工作于非对称时段；适合微小区、低功率、慢速移动覆盖；上、下行空间传输特性接近，较适合采用空分多址（SDMA）技术。

可见，FDD和TDD分别适合不同的应用场合。如果混合采用FDD和TDD两种模式，就可以保证在不同的环境下更有效地利用有限的频率。ITU在第三代移动通信标准中就采纳了不同工作方式的标准。

（3）半双工通信。半双工通信指通信双方，有一方使用双工方式，而另一方则采用单工方式，其组成与图5-25相似，移动台采用单工的"按讲"方式，即按下"按讲"开关，发射机才工作，而接收机总是工作的。基站工作情况与双工方式完全相同。

半双工通信的优点是：①受邻近电台干扰少；②有利于解决紧急呼叫问题；③可使基站载频常发，这样移动台就会经常处于杂音被抑制状态，不需要静噪调整。

半双工通信的缺点是存在按键操作不便的问题。一般专用移动通信系统（如调度、集群系统）采用此方式。

在双工通信中，基站（BS）向移动台（MS）传递信息叫前向信道（或下行链路），移动台（MS）向基站（BS）传递信息叫反向信道（或上行链路）。一般前向/下行信道的频率高于反向/上行信道。

5.6.3 移动通信的系统与技术

1. 移动通信系统的分类

（1）模拟网与数字网。人们把模拟通信系统（包括模拟蜂窝网、模拟无绳电话与模拟集群调度系统等）称作第一代通信产品，而把数字通信系统（包括数字蜂窝网、数字无绳电话、移动数据系统以及移动卫星通信系统等）称作第二代通信产品。

（2）话音通信与数据通信。若干年来，移动通信基本上是围绕着两种主干网络在发展，这就是基于语音业务的通信网络和基于数据传输的通信网络。根据运行环境和市场需求的不同，前者又分为以蜂窝网为代表的高功率宽域网和以无绳电话网为代表的低功率局域网（LAN）；后者又可分为宽带局域网之类的高速局域网和移动数据网之类的低速宽域网。

2. 移动通信应用系统

如图 5-26 所示的移动通信应用系统主要有以下几种。

（1）蜂窝移动通信系统。它是陆地公众移动通信系统的主要形式，具有越区切换、自动或人工漫游、计费及业务量统计等功能。适用于全自动拨号、全双工工作、大容量公用移动陆地网组网。

（2）集群移动通信系统。它属于调度系统的专用通信网，一般由控制中心、总调度台、分调度台、基地台和移动台组成，适用于指挥调度。一般工作在半双工方式下，并具有消息集群、传输集群、准传输集群等集群方式。

（3）无绳电话系统。无绳电话系统是公用交换电话网（PTSN）的终端无绳接入方案，是 PTSN 的增强应用，适用于低速移动、较小范围内的移动通信。代表产品为个人手持电话系统、个人接入系统、增强型数字无绳电信系统、个人接入通信系统。

（4）无线寻呼系统。它通过无线传输方式实现信息广播、组播、点播，是一种单向通信系统，代表产品为 CT-2。

（5）卫星移动通信系统。它把卫星作为中心转发台，特点是不受陆海空位置条件限制、受地物影响很小，频率资源充足、通信容量大、覆盖范围广。代表产品为铱系统和全球星系统。

（6）无线因特网接入系统。代表产品有无线体域网（Wireless Body Area Network，WBAN）、无线个人区域网（Wireless Personal Area Network，WPAN）、无线局域网（Wireless Local Area Network，WLAN）、无线城域网（Wireless Metropolitan Area Network，WMAN）、无线广域网（Wireless Wide Area Network，WWAN）等。

5.6.4 移动通信的网络结构

1. 移动通信网络的接入网

接入网（AN，Access Network）是电信网重要组成部分，它位于电信网的最底层，是电信网向用户提供业务的窗口，其在电信网中的位置如图 5-27 所示。

2. 移动通信网络的核心网

核心网主要由交换网和业务网组成，交换网完成呼叫及承载控制等所有功能，业务网则

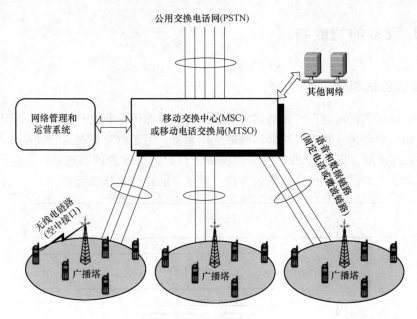

图 5-26 移动通信应用系统

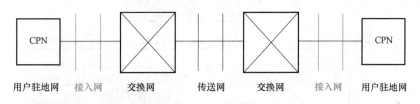

图 5-27 接入网在电信网中的位置

完成支撑业务所需功能,包括位置管理等。

3. 移动通信的网络结构

移动通信的网络结构如图 5-28 所示。通常每个基站要同时支持 50 路话音呼叫,每个交换机可以支持近 100 个基站,交换机到固定网络之间需要 5000 个话路的传输容量。

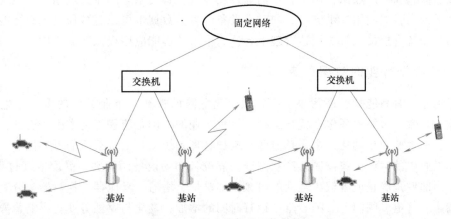

图 5-28 移动通信的网络结构

5.7 工厂设备的智能物联

5.7.1 智能物联概述

设备的智能化主要通过生产设备的自动化控制、状态信息和生产数据的采集与监控，形成高度数字化、自动化、状态可感知的智能生产装备，为企业智能制造管理平台的各类应用和服务提供数据支撑。图 5-29 所示为工厂设备进行智能化改造的实现路径，包括生产设备数据采集需求、生产设备数据采集实现方法、设备智能化的实施流程等。

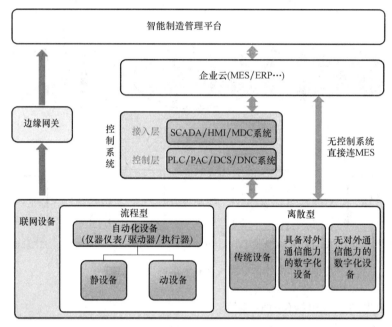

图 5-29 智能化改造的实现路径

对于流程型或离散型的各类生产设备，利用传感、数据采集、信息网络等技术手段采集设备的状态信息和生产数据，用于企业内部各类控制、管理系统的业务应用，并最终为智能制造管理平台的各类应用提供支撑；同时，设备的各类数据也可以直接通过各类智能物联网的边缘网关设备直接接入智能制造管理平台，为平台的智能应用提供数据基础。

5.7.2 流程型行业的数据采集

流程工业具有高能耗、高污染、高排放、高危险的特征，企业关注的重点是生产的连续、安全、高效、节能、环保、优化运行。流程工业的基础是流程工艺和生产设备，由过程控制系统实现生产的自动化，由设备监测与维护管理系统保障设备运行的可靠性。

流程工业中的生产设备按照生产状态分为静设备和动设备两大类。静设备（过程设备）的主要作用部件是静止或者较少运动的机械，如窑炉、塔器、反应器、换热器、分离器、干燥器、储罐、管道、阀门等。随着生产运行时间的增加，老化与腐蚀等变化影响着静设备本体的完整性和可靠性，需要对影响到生产过程安全、稳定的设备开展设备状态监测，了解设备本体变化，及早发现故障隐患。监测内容主要有压力、温度、变形、位移、振动、堵塞、破损、开裂、腐蚀、泄漏、密封等，如表 5-3 所示。

表 5-3　静设备数据采集内容及采集方式

采集信息	采集方式	采集信息	采集方式
压力	自动	破损	人工
温度	自动	开裂	人工
变形	人工	腐蚀	人工
位移	自动/人工	泄漏	自动/人工
振动	自动/人工	密封	人工
堵塞	自动/人工		

动设备（过程机器）的主要作用部件为运动（转动或平动）的机械，如泵、压缩机、鼓风机、压滤机、粉碎机以及包含电动机的大部分设备。动设备一般为一体化的机电设备，在生产运行过程中，部件（含部件间）运行情况等因素会影响设备安全稳定运行，需要对这些参数实时监测，及早发出设备预警信号，及时解决故障隐患。监测内容主要有温度、振动、噪声、堵转、堵塞、润滑、冷却、腐蚀、泄漏、密封等，如表 5-4 所示。

表 5-4　动设备数据采集内容及采集方式

采集信息	采集方式	采集信息	采集方式
温度	自动	润滑	人工
振动	自动/人工	冷却	自动/人工
噪声	自动/人工	腐蚀	人工
堵转	自动/人工	泄漏	自动/人工
堵塞	自动/人工	密封	人工

流程型行业的设备智能化主要是通过增加传感器、检测仪和人工巡检等方式实现的，具体实现方式如图 5-30 所示。

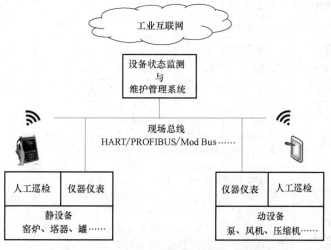

图 5-30　流程型行业设备智能化实现方式示意图

对于温度、压力、振动等物理量，可以通过加装传感器或检测仪器实时获取设备运行状态，并通过无线网络或有线网络将设备状态信息传送到设备监测与维护管理系统。对于破损、泄漏、开裂这类难以通过传感器进行检测的设备状态信息，采用人工巡检的方式，通过检测器具或人的感官获取设备状态，然后使用移动终端记录，并上传到设备监测与维护管理系统。

设备监测与维护管理系统统一汇集设备基本信息、设备实时检测信息、人工巡检记录信息等，采用数字信号处理、数据分析、人工智能等技术实现基于状态的预测性维修管理，包括设备状态监测、健康评估、故障诊断、维修决策功能，提升设备完好率，减少由于设备异常、故障而导致的对生产、质量和安全的影响。

5.7.3 离散型行业的数据采集

由于连续工业生产与离散工业生产在设备、物料和产品特点上的差异，导致了两种类型的工业生产在制造管理中存在诸多差异，离散制造企业制造执行过程中的生产数据采集主要用于支持企业的生产设备控制、排产计划、生产运维三个方面。

离散工业的设备一般分为普通设备和数字化设备。其中，数字化设备又可分为可联网设备和不可联网设备。

表 5-5 所示为设备本身信息采集内容及采集方式。

表 5-5　设备本身信息采集内容及采集方式

信息类别		信息采集内容	采集方式
大类	小类		
标识类	设备编号	设备接入云制造服务平台时采用的设备编号由组织机构代码和企业内部设备编号组成	自动采集/人工录入
	设备名称	采用设备铭牌信息中的名称	自动采集/人工录入
	设备型号	采用设备铭牌信息中的型号	自动采集/人工录入
	智能化标识	传统设备	自动采集/人工录入
		具备对外通信能力的数字化设备	自动采集/人工录入
		无对外通信能力的数字化设备	自动采集/人工录入
	生产厂商	设备的生产厂商名称	自动采集/人工录入
	出厂编号	设备的生产厂商为设备赋予的唯一出厂编号	自动采集/人工录入
	所属部门	设备所属的部门名称	自动采集/人工录入
	设备负责人	管理设备的责任人	自动采集/人工录入
功能类	规格参数	描述设备或被加工产品、被试产品等的尺寸、重量的参数，可结合实际应用情况进行采集	自动采集/人工录入
	范围参数	设备能够提供的加工、试验、检测等能力的上限和（或）下限，可结合设备实际应用情况进行采集	自动采集/人工录入
	精度参数	设备能实现的加工、试验、检测等最高精度或相应级别，可结合设备实际应用情况进行采集	自动采集/人工录入

（续）

信息类别		信息采集内容	采集方式
大类	小类		
运动状态类	自检信息	固件是否正常	自动
		硬件是否正常	自动
		配置是否正常	自动
		通信接口是否正常	自动
	设备运行状态	运行/待机/关机/故障	自动
		状态注释	自动/人工录入
		状态起始时间	自动
		状态结束时间	自动
		状态持续时间	自动
		运行/待机/关机/故障	自动
	时间信息	购置时间	自动/人工录入
		启用时间	自动/人工录入
		可工作时间	自动/人工录入
		节假日工作安排	自动/人工录入

生产数据采集内容及采集方式如表5-6所示。

表5-6　生产数据采集内容及采集方式

信息类别		信息采集内容	采集方式
大类	小类		
任务信息	当前任务描述	任务名称	自动/人工录入
		任务编号	自动/人工录入
		任务描述	自动/人工录入
		工序名称	自动/人工录入
		工序编号	自动/人工录入
		操作人员	自动/人工录入
		任务进度	自动/人工录入
		任务所属订单	自动/人工录入
	工作时间	计划开工时间	自动
		计划完工时间	自动
		实际开工时间	自动
		实际完工时间	自动
工艺参数	实时运行数据	设备在加工、试验、检测等过程中的关键实时参数,如机加设备的主轴转速、高低温箱的当前温度等	自动
物料信息		物号	自动/人工录入
		物料名称	自动/人工录入
		物理尺寸	自动/人工录入
		材料	自动/人工录入

质量数据采集内容及采集方式如表 5-7 所示。

表 5-7　质量数据采集内容及采集方式

信息类别	信息采集内容	采集方式
检测出的产品质量数据	检测结果	自动/人工录入
	合格数	自动/人工录入
	偏离度	自动/人工录入
设备本身质量数据	寿命	自动/人工录入
	上次维护时间	自动/人工录入
	计划维护开始时间	自动/人工录入
	计划维护结束时间	自动/人工录入
	维护工作频率	自动/人工录入

能耗数据采集内容及采集方式如表 5-8 所示。

表 5-8　能耗数据采集内容及采集方式

信息类别	信息采集内容	采集方式
实时功率	设备实时耗电功率	自动
用电量	统计时间内的累计用电量	自动
冷却水使用量	统计时间内的冷却水累计使用量	自动
高压气体使用量	统计时间内的高压气体累计使用量	自动

安全数据采集内容及采集方式如表 5-9 所示。

表 5-9　安全数据采集内容及采集方式

信息类别	信息采集内容	采集方式
物理安全信息	连接通畅次数	自动
功能安全	误动作率	自动
信息安全	丢包率	自动

5.7.4　通过工业物联网网关进行数据采集

1. 传统设备（非智能设备或非数字化设备）

传统设备是指设备本身不具备数控单元和传感系统，无法获得设备的各类数据信息，只能通过智能数据采集终端设备，并连接传感器或 I/O 信号采集装置，获取传统设备的状态、生产数据等信息。如图 5-31 所示，通过内置了云平台接入 API 的工业物联网网关来接入企业云，或直接接入智能制造管理平台。

2. 具备对外通信能力的数字化设备

具备对外通信能力的数字化设备是指设备具有完备的数控单元和传感系统，能够获取设

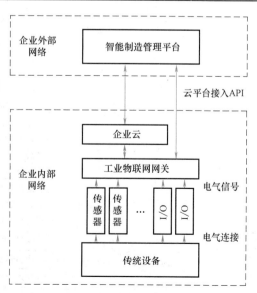

图 5-31　传统设备数据采集方式

备的各类数据信息，并拥有对外通信接口和通信协议，可以与外部网络系统进行通信的能力。如图 5-32 所示，该类设备可通过内置了云平台接入 API 的工业物联网网关来接入企业云，或直接调用云平台接口接入云制造服务平台。

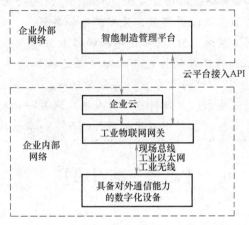

图 5-32　具备对外通信能力的数字化设备数据采集方式

3. 无通信能力的数字化设备

无通信能力的数字化设备是指设备本身具有完整的数控单元和传感系统，能够对设备进行数字化控制，且通过设备内置的传感器能够获取完整的状态、生产等信息，但由于不具有对外通信接口、数控系统封闭或通信协议过于昂贵等原因，设备无法与外界网络系统有效通信。

对于该类设备，可通过如图 5-33 所示的方式实现数据的采集与集成。

（1）外接传感器或 I/O 信号采集装置获取目标数据，并通过内置了云平台接入 API 的工业物联网网关直接接入云制造服务平台。

（2）通过设备内部的 PLC 或 HMI，间接获取设备的状态、运行、控制等数据信息，通过内置了云平台接入 API 的工业物联网网关来接入企业云，或直接接入智能制造管理平台。

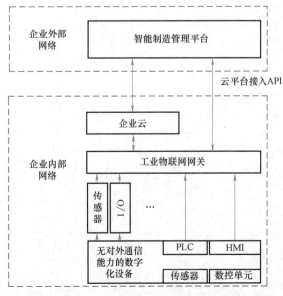

图 5-33　无通信能力的数字化设备数据采集方式

思政小贴士：5G时代，智能加持

我国于2016年1月全面启动了5G技术试验，从2020年开始，5G进入大规模商用阶段。智能工厂是5G技术的重要应用场景之一。利用5G网络将生产设备无缝连接，并进一步打通设计、采购、仓储、物流等环节，使生产更加扁平化、定制化、智能化，从而构造一个面向未来的智能制造网络。5G技术使得人和工业机器人在处理更复杂场景时也能游刃有余。如在需要多人协作修复的情况下，即使相隔很远的不同专家也可以各自通过VR和远程触觉感知设备，第一时间"聚集"在故障现场。5G网络的大流量能够满足VR中高清图像的海量数据交互要求，极低时延使得人在地球另一端也能把自己的动作无误差地传递给工厂机器人，多人控制工厂中不同机器人进行下一步动作。

【思考与练习题】

5.1 简述什么是二维码。

5.2 RFID的基本原理是什么？其系统工作在什么频段？

5.3 RFID的天线有哪些？其作用是什么？

5.4 蓝牙的应用模式有哪些？

5.5 WiFi应用于物联网的现实基础是什么？

5.6 ZigBee是怎么定义的？

5.7 移动通信网络的接入网由哪些部分构成？

5.8 对于传统设备，如何通过工业物联网网关进行数据采集？请用图表示。

第6章

工业智能软件应用

导读

工业智能软件建立了数字自动流动的规则体系，操控着规划、制作和运用阶段的产品全生命周期数据，是数据流通的桥梁，是智能制造的大脑。因其内部蕴含制造运行规律，并能挖掘数据，对规律进行建模，从而将制造计划层、执行层和控制层等全过程进行生产排程和全智能化管理。从这个角度来说，工业智能软件定义着产品的整个制造流程，能按照客户订单、库存和市场预测情况自动安排生产和组织物料，并根据下达的生产计划、物料和设备工作情况，自动制订车间作业计划，安排加工任务，当生产计划变更、物料短缺、设备发生故障、出现加工质量等问题时，及时对作业计划进行调整，保证生产过程正常进行，从而使得整个制造的流程更加灵活与易拓展，从研发、管理、生产、产品等各个方面赋能，重新定义制造。

知识图谱

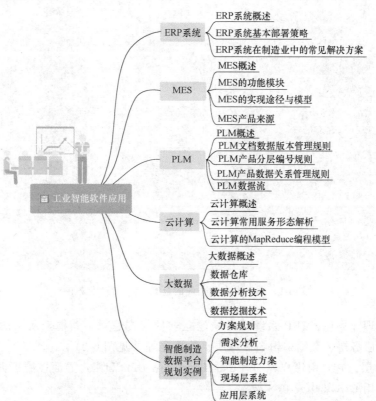

- 工业智能软件应用
  - ERP系统
    - ERP系统概述
    - ERP系统基本部署策略
    - ERP系统在制造业中的常见解决方案
  - MES
    - MES概述
    - MES的功能模块
    - MES的实现途径与模型
    - MES产品来源
  - PLM
    - PLM概述
    - PLM文档数据版本管理规则
    - PLM产品分层编号规则
    - PLM产品数据关系管理规则
    - PLM数据流
  - 云计算
    - 云计算概述
    - 云计算常用服务形态解析
    - 云计算的MapReduce编程模型
  - 大数据
    - 大数据概述
    - 数据仓库
    - 数据分析技术
    - 数据挖掘技术
  - 智能制造数据平台规划实例
    - 方案规划
    - 需求分析
    - 智能制造方案
    - 现场层系统
    - 应用层系统

6.1 ERP 系统

6.1.1 ERP 系统概述

在工业产品制造与流通业务中，定义供应商、分销商和制造商相互之间的业务关系的是企业资源计划（Enterprise Resource Planning，ERP）。ERP 首先由 Gartner 公司于 20 世纪 90 年代提出，目前已经是主流的制造业系统和资源计划软件，具体包括生产资源计划、制造、财务、销售、采购、质量管理、实验室管理、业务流程管理、产品数据管理、存货、分销与运输管理、人力资源管理和定期报告系统。在我国制造业进程中，ERP 跳出了传统企业边界，是数字经济时代背景下用于改善企业业务流程以提高企业核心竞争力的新一代信息系统。

图 6-1 所示为面向中小型企业的金蝶 ERP 管理业务包，它包括基础业务管理和企业辅助管理两部分，前者如采购管理、销售管理、库存管理、生产管理、看板管理等方面，后者如计划管理、财务管理、人力资源管理、协同办公等方面。

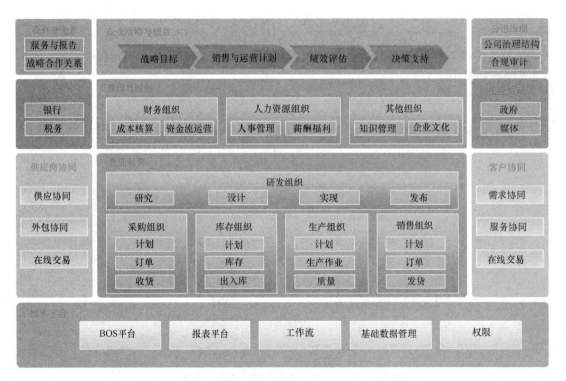

图 6-1　面向中小型企业的金蝶 ERP 管理业务包

为实现管理业务包，ERP 系统就必须建立软件架构逻辑，其框架从层次结构上分主要包括表示层、服务层、数据逻辑与业务层、数据层等（见图 6-2）。

（1）表示层。它是由用户界面（User Interface，UI）和用户界面控制逻辑组成的智能客户端，可以选用 C/S 架构或 B/S 架构。

（2）服务层。一般采用微软的 WCF（Windows Communication Foundation）分布式通信编程框架平台，可以构建跨平台、安全、可靠和支持事务处理的企业级互联应用解决方案。

（3）数据逻辑与业务层。该层封装了实际业务逻辑，包含数据验证、事物处理、权限处理等业务相关操作，是整个应用系统的核心。

（4）数据层。该层为数据源提供一个可供外界访问的接口，包括平面文本数据、数据库、XML、RSS。

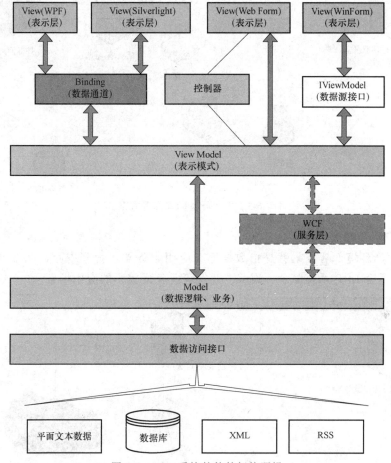

图 6-2 ERP 系统的软件架构逻辑

6.1.2 ERP 系统基本部署策略

1. 生产环境标准部署方案

ERP 系统生产环境标准部署方案就是指数据库、应用服务器、管理中心等分别单独部署在专用服务器上（见图 6-3），不建议用 AD 目录服务器、DNS 域名服务器、Mail 邮件服务器等其他企业应用服务器兼任，避免发生多种服务争抢服务器运算资源的情况，以保证 ERP 系统运行性能。从网络安全角度考虑，管理员可能对数据库服务器和应用服务器采用不同的安全策略，例如将数据库隔离在单独的虚拟局域网（VLAN）或将应用服务器放在隔离区（DMZ）等，服务器分开部署更能满足网络安全方面的要求。

6-1 ERP 系统基本部署策略

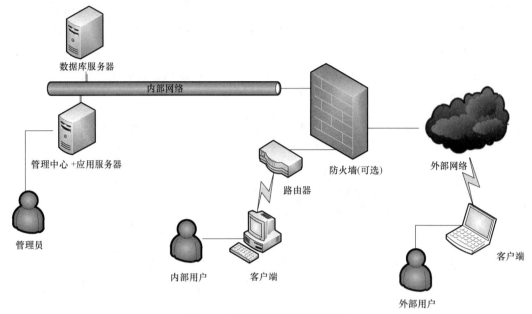

图 6-3　生产环境标准部署方案

2. 非生产环境部署方案

ERP 非生产环境部署方案就是指数据库、应用服务器、管理中心都装在同一服务器上（见图 6-4），适合 ERP 系统演示、测试、开发等业务量较小的应用场景。

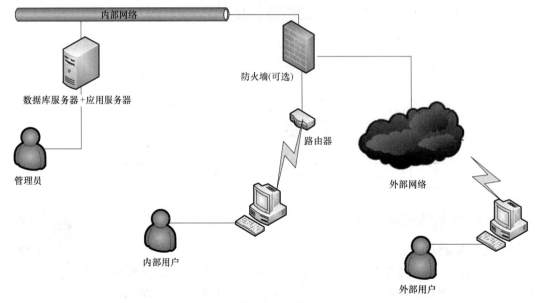

图 6-4　非生产环境部署方案

3. 数据库集群部署方案

数据库集群部署方案是指用两台或多台服务器加磁盘阵列柜来构成数据库故障转移集群（见图 6-5），它适合业务不能间断的客户。故障转移集群俗称双机热备，主要功能是保证服务不中断，当提供服务的主机宕机或因其他原因不能联系时，备份机会及时在线接替服务。替换过程依照实现技术和设备的不同，持续时间从几秒到几十秒不等，通常客户端不会察觉到服务中断。

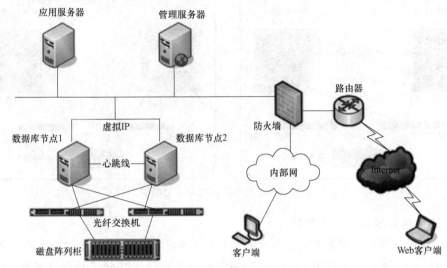

图 6-5　数据库集群部署方案

最常用的 SQL Server 集群部署模式，称为 Active-Passive（主动-被动）模式，集群平时只有主节点工作，备份节点处于闲置状态，只有在主节点发生故障时它才会被自动激活以接替服务（见图 6-6）。这种模式的优点是部署简单，不容易出问题；缺点是服务器资源利用率较低，平时备份机完全不工作，即至少会有 50% 的服务器资源闲置。

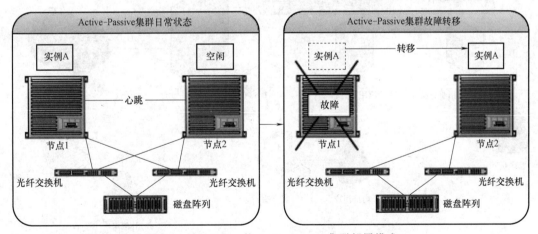

图 6-6　SQL Server 的 Active-Passive 集群部署模式

故障转移集群的另一种部署模式 Active-Active（主动-主动），即两个集群节点各运行一个 SQL Server 实例，互为备份，任一节点故障时两个实例都会同时在剩下的另一节点上运行（见图 6-7）。这种模式的优点是平时两台服务器都工作，没有闲置节点，服务器资源利用率高；缺点是故障转移时两个实例挤在一个节点运行，激增的工作负载可能造成剩下的那个节点也会崩溃，而且切换后还需要协调两个实例争抢的服务器内存，所以对数据库管理员的技能要求较高。

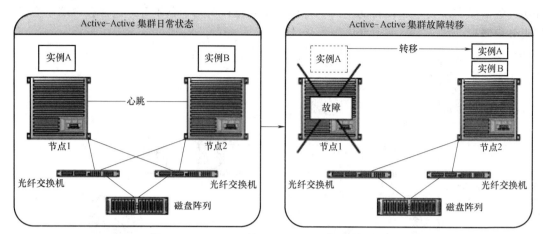

图 6-7　SQL Server 的 Active-Active 集群部署模式

4. 多应用服务器系统部署方案

在多应用服务器系统部署方案下,企业可根据实际需要,对服务器的访问进行分流。如图 6-8 所示,一部分人访问服务器 A 中的 ERP 系统,另外一部分人访问服务器 B 的 ERP 系统。

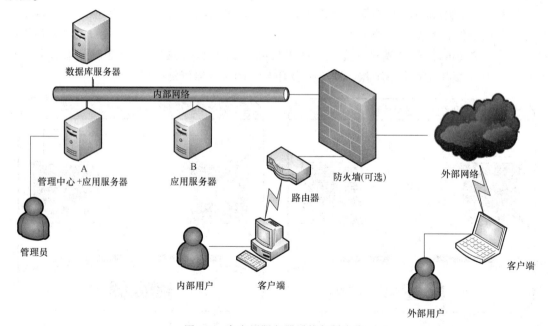

图 6-8　多应用服务器系统部署方案

6.1.3　ERP 系统在制造业中的常见解决方案

一般,制造业企业的 ERP 系统主要解决采购、销售、仓存、存货核算、账务、出纳、成本等财务与供应链一体化问题。如图 6-9 所示为财务与供应链一体化的 ERP 系统主要流程图。

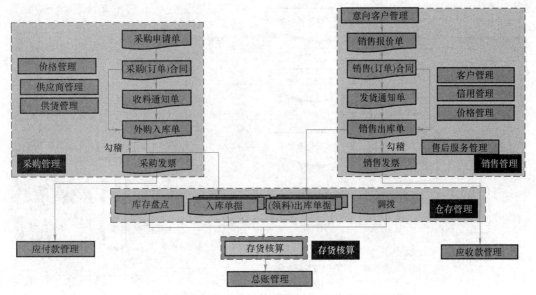

图 6-9 财务与供应链一体化的 ERP 系统主要流程图

1. 采购管理系统

采购管理系统是通过采购申请单、采购订单、收料通知单、采购检验、采购收料、采购发票、采购退货等各种业务处理（见图 6-10），加强各业务间流程与管理信息的集成管理，是对采购全过程的有效跟踪和控制。

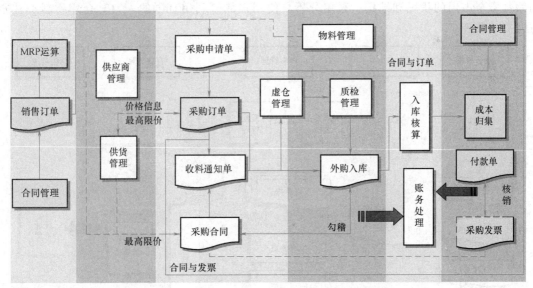

图 6-10 采购管理系统应用流程

2. 销售管理系统

销售管理系统是通过销售报价单、销售订单、仓库发货、销售退货、销售发票处理、客户管理、价格及折扣管理、订单管理、信用管理等功能的综合管理系统（见图 6-11），它能够对销售全过程进行有效控制和跟踪，实现完善的企业销售信息管理。

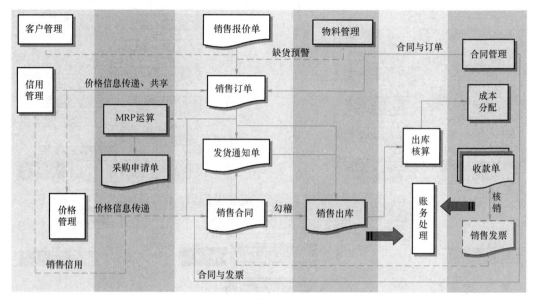

图 6-11 销售管理系统应用流程

3. 仓存管理系统

仓存管理系统是帮助企业按照事务类型全程跟踪企业内部物料转移过程的系统（见图 6-12）。它能够处理企业内部物料移动的各种业务；能够对物料的收、发、存、调、移库、补充提货和生产补料等操作进行全面的控制和管理；同存货核算系统结合，能及时反映出物料资金占用的状况和结构；采用分析，使用户能够利用有限的人力对仓库物料抓住重点、高效管理。

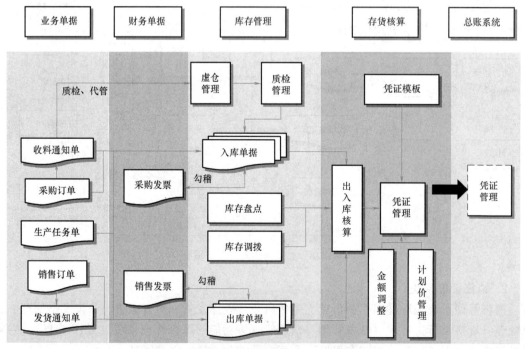

图 6-12 仓库管理系统应用流程

4. 存货核算系统

存货核算系统解决了传统的复杂烦琐的采购入库核算、销售出库收入成本核算问题。结合采购、入库、销售、出库、仓存等各种业务类型，按照会计规则，将大量的计算工作由计算机自动计算、汇总，通过凭证模板设置对应会计科目及取数来源，将各种单据生成对应凭证并自动传递到总账系统，及时核算各项业务活动，完成财务对业务的监控（见图 6-13）。

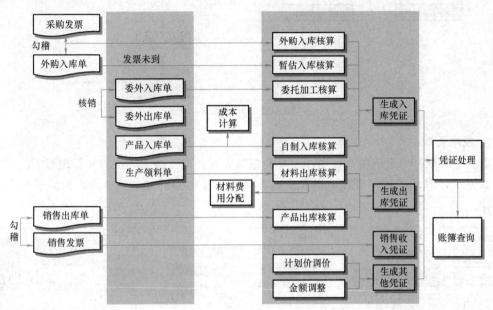

图 6-13 存货核算系统应用流程

5. 账务处理

如图 6-14 所示的账务处理流程，能够快捷方便地处理凭证，进行往来管理，对外币进行期末调汇，自动结转损益，同时可以实现对账簿报表的随时查询。

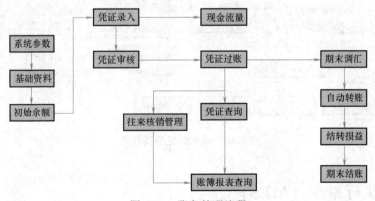

图 6-14 账务处理流程

6. 出纳管理

出纳系统可以实现全面正规化的管理，它能及时地了解掌握某时间范围内的现金收支记录和银行存款收支情况，并做到日清月结，随时查询、打印有关出纳报表（见图 6-15）。

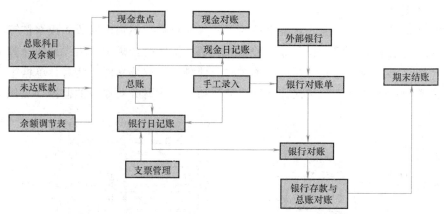

图 6-15　出纳管理

7. 成本管理

成本管理是一个组织用来计划、监督和控制成本，以支持管理决策和管理行为的基本流程。如图 6-16 所示的成本管理可以完成成本计算、成本分析与考核、成本预测和成本决策等功能。

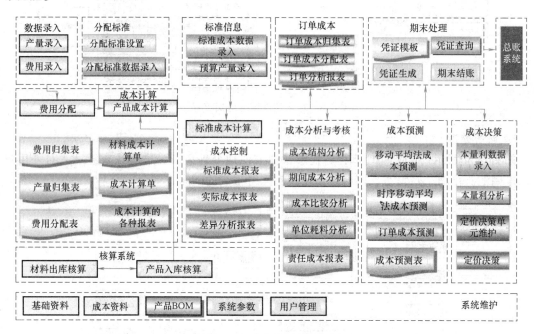

图 6-16　成本管理的流程图

6.2　制造执行系统（MES）

6.2.1　MES 概述

企业的生产运作管理流程一般为三个层次，即计划层、执行层和控制层。计划层按照客户订单、库存和市场预测情况，安排生产和组织物料。执行层根据计划层下达的生产计划、物料和控制层的工作情况，制订车间作业计划，安排控制层的加工任务，对作业计划和任务执行情况进行汇总和上报；当生产计划变更、物料短缺、设备发生故障、出现加工质量等问题时，执行层将对作业计划进行及时调整，以保证生产过程正常进行。执行层处于企业计划层与控制层之间，存在大量的信息传递、交互与处理的过程。控制层，又称设备层，完成产品零件的加工或装配。

如图 6-17 所示为企业信息化的三层结构模型，即在计划层普遍采用以 ERP 为代表的企业管理信息系统，在企业的生产控制层则采用以监控与数据采集系统（Supervisory Control and Data Acquisition，SCADA）和人机界面（Human Machine Interface，HMI）为代表的生产过程监控软件系统，在计划和控制层之间则是由制造执行系统（MES）构成的执行层，MES 作为计划层和控制层之间的桥梁，实现计划和控制层之间的数据交换。

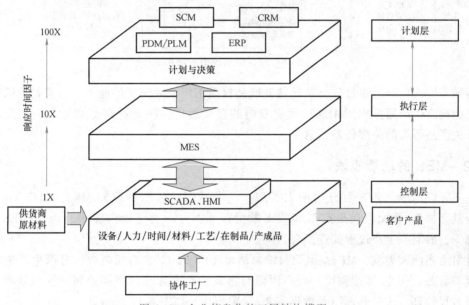

图 6-17　企业信息化的三层结构模型

在企业的信息化三层结构模型中，MES 在计划管理层与底层控制之间架起了一座桥梁，以实现两者之间的无缝连接。一方面，MES 可以分解和细化来自 ERP 的生产计划信息，形成作业指令，控制层按照作业指令完成生产加工过程；另一方面，MES 可以实时监控底层设备的运行状态、在制品（WIP）及作业指令的执行情况，并将它们及时反馈给计划层。企业信息化的三层结构模型的信息流动状况，如图 6-18 所示。

因此，通过 MES 把生产计划与车间作业的现场控制联系起来，解决了上层生产计划管理与底层生产过程之间脱节的问题，打通了企业的信息通道，使企业的生产计划的执行过程实现了透明化，为企业快速响应市场奠定了良好的基础。

制造执行系统协会（Manufacturing Execution System Association，MESA）给 MES 下了一个定义，即"MES 能通过信息传递对从订单下达到产品完成的整个生产过程进行优化管理。当工厂发生实时事件时，MES 能对此及时做出反应、报告，并用当前的准确数据对它们进行指导和处理。这种状态变化的迅速响应使 MES 能够减少企业内部没有附加值的活动，有

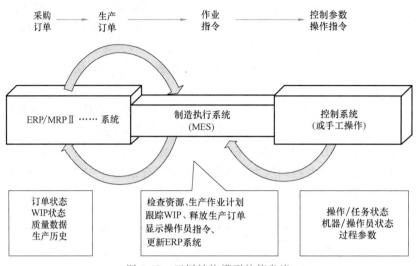

图 6-18　三层结构模型的信息流

效地指导工厂的生产运作过程，从而使其既能提高工厂及时交货的能力，改善物流的流通性能，又能提高生产回报率。MES 还通过双向的直接通信，在企业内部和整个产品供应链中提供有关产品行为的关键任务信息。"

6.2.2　MES 的功能模块

在实际应用中，MES 可分为两大类型：一类是面向离散行业的 MES，如汽车、机床、家电等具有加工/装配性质生产过程的离散型行业；另一类是面向流程行业的 MES，如冶金、化工、酿酒等生产过程的连续型行业。

针对上述两大类型，MESA 组织归纳总结出 MES 的 11 个功能模块：分派生产单元、资源配置与状态、作业/详细调度、产品跟踪与谱系、人力管理、文档控制、性能分析、维护管理、过程管理、质量管理以及数据采集/获取模块，如图 6-19 所示。

（1）分派生产单元模块。以任务、订单、批次、数量以及作业指令对生产流程进行管理，针对生产过程中出现的突发问题及时修改作业指令，调整加工顺序。还可以通过重新安排生产和补救措施，改变已下达的计划，并利用缓冲区来控制生产单元的负荷。

（2）资源配置与状态模块。管理各种资源，如设备、工具、材料、辅助设备以及派工单、领料单、工序卡等相关作业指令和文件，提供设备的实时状态，确保设备正常开工所必需的资源，对生产过程所需各种资源都要有详细的记录，以保证车间滚动作业计划顺利执行。

（3）作业/详细调度模块。按照在制品的优先级、属性、几何特征安排加工顺序或路径，使得设备的调整或准备时间最少。根据不同的加工路径以及加工路径的重叠与并行情况，通过计算它们的加工时间或设备负荷，从而获得较优的加工顺序或路径。

（4）产品跟踪与谱系模块。管理加工过程（从原料、在制品、零部件到成品）中每个生产单元的在制品，实时记录在制品的状态、物料（供应商、批号、数量等）消耗状况、在制品暂存、返工、报废、入库等情况，在线提供计划的实际执行进度，反映在制品和产品

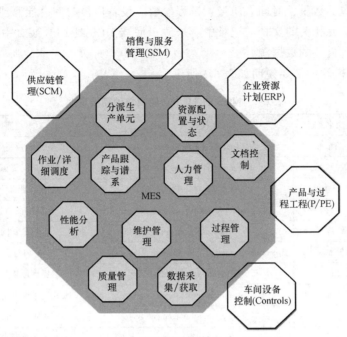

图 6-19　MESA 组织定义的 MES 功能模型

的当前状态情况，追溯产品在加工过程中的各项记录。

（5）人力管理模块。记录员工的作息时间、操作技能、变动和调整情况、员工的间接活动（如领料、备料、准备时间等），作为成本分析和绩效考核的依据。

（6）文档控制模块。统一管理与生产单元、生产过程相关的文档或表单，如作业指令、操作指导书、工艺文件（配方）、图纸、标准操作规程、加工程序、计划任务文档、质量信息记录文档、质量体系文档、批次记录、工程变更通知、交接班记录、批量产品记录、工程设计变动通知，以及文档的历史记录和版本等。

（7）性能分析模块。实时提供实际产出、预计产出、生产周期、在制品和产品的完工情况、质量数据的统计分析结果、与历史数据的对比结果、资源利用率以及车间直接费用等。

（8）维护管理模块。对生产过程中的设备（含刀具、夹具、量具、辅具）进行管理，记录设备的基本信息（加工范围、精度、对象、持续工作时间等），设备当前状态（设备负荷、可用性），设备维修计划，设备故障和维修情况。

（9）过程管理模块。监测生产过程中的每项操作活动以及过程，使得生产单元有序、按时地执行作业指令。记录异常事件的详细信息（发生时间、现象、原因、等级等），并对异常事件做出报警或自动纠正处理。

（10）质量管理模块。从生产过程实时采集质量数据，对质量数据进行分析、跟踪、管理和发布。运用数理统计方法对质量数据进行相关分析，监控产品的质量，同时判断出潜在的质量问题；对造成质量异常的操作、相关现象和原因，提出纠正或校正的措施或质量改进意见和计划。

（11）数据采集/获取模块。通过手工或自动的方式实时获取加工过程中产生的相关数据，如对象、批次、数量、时间、质量、过程参数、设备启停时间、能源消耗等，这些数据可能存在于生产单元相关的文档或记录中、来源于底层 DCS 或 PLC 装置中或采用其他方式获得，是性能分析模块的数据源。

这 11 个功能模块的简要说明如表 6-1 所示。

表 6-1　MES 的 11 个功能模块的简要说明

序号	功能模块名称	功能模块英文名称	功能模块简介
1	分派生产单元	Dispatching Production Units	管理和控制生产单元的流程
2	资源配置与状态	Resource Allocation and Status	管理车间资源状态及分配信息
3	作业/详细调度	Operations/Detail Scheduling	生成作业计划,安排作业顺序
4	产品跟踪与谱系	Product Tracking and Genealogy	提供在制品的状态信息
5	人力管理	Labor Management	提供最新的员工状态信息
6	文档控制	Document Control / Specification Management	管理、控制与生产单元相关的记录
7	性能分析	Performance Analysis	提供最新的生产过程信息
8	维护管理	Maintenance Management	跟踪和指导设备及工具的维护活动
9	过程管理	Process Management	对生产过程进行监控
10	质量管理	Quality Management	记录、跟踪和分析产品及过程的质量
11	数据采集/获取	Data Collection/Acquisition	通过数据采集接口来获取并更新与生产管理功能相关的各种数据和参数

6.2.3　MES 的实现途径与模型

1. MES 的实现途径

图 6-20 所示为 MES 的实现途径，它可以通过应用程序接口（Application Programming Interface，API）来与企业资源计划（ERP）、供应链管理（SCM）、

6-2　MES 的
实现途径

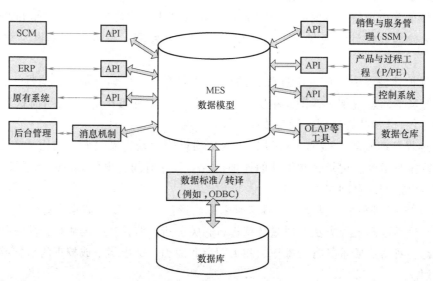

图 6-20　MES 的实现途径

销售与服务管理（SSM）、产品与过程工程、控制系统等进行数据交换，通过消息机制与后台管理进行数据交换，通过 OLAP 等工具与数据仓库进行数据交换，通过数据标准转换与数据库进行数据交换，最后根据 MES 数据模型进行分派生产单元、资源配置与状态、作业/详细调度等任务。

这里用得最多的是 API，它是指软件系统不同组成部分衔接的约定，也可以作为两个应用系统之中的数据应用适配器接口来进行信息传递和数据交换。图 6-21 所示是应用在车间设备层信息化终端的 API 接口。

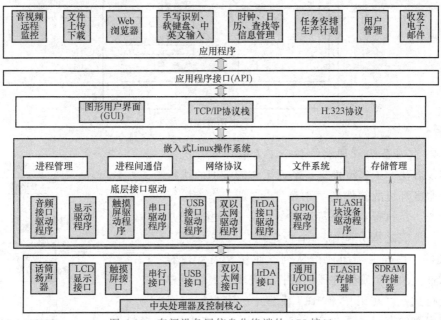

图 6-21　车间设备层信息化终端的 API 接口

2. 工作流 MES 模型

MES 数据模型非常多，最常用的是如图 6-22 所示的工作流 MES 模型。在制造过程中，工人做完一道工序必须向制造部长汇报，制造部长再进行下一道工序的派工，有相当长的等待时间，严重影响了生产效率。因此，引入工作流 MES 模型，可以利用工作流引擎的支撑，解释制造过程的过程定义，根据计划调度，获取制造过程执行时所需要的初始条件和执行参数生成各个批次的制造流程。在制造过程中，根据过程定义和工作流相关数据为生产过程进行导航，并给工人提供需要操作的批次任务项信息，然后通过任务项列表管理器对执行的任务进行管理，通过工人的反馈信息实现新的任务项到工作流任务表的添加、已经完成执行的任务项的删除等操作。在工作流 MES 模型中，每一道工序的数据包括开始条件、结束条件、状态及加工数据。而对于工序之间的信息传递，则由控制连接弧和数据连接弧来控制。开始条件定义了工序在什么情况下才能开始执行，但满足转移条件，控制连接弧发生转移时，称控制连接弧所指向的工序被使能，即工序可能被执行；但工序是否真的开始执行，则需要通过工序内部开始条件的判断来决定，只有开始条件得到满足，工序才真正开始执行。结束条件定义了活动在什么情况下才能够结束，通过结束条件的设置，可以定义需要多次循环执行的活动。当工序执行完毕，工序的结束条件就会被检验，如果为"True"，则通过控制连接弧，找到下一个待加工的工序，并通过数据连接弧发送加工所需的数据。

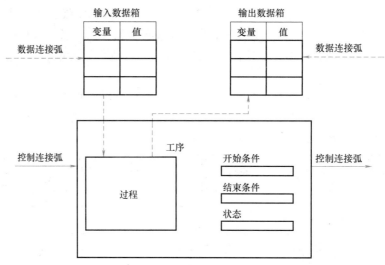

图 6-22 工作流 MES 模型

图 6-23 是任务表管理器给各个工人客户端发送任务项的实现方法，工作流机是一个为工作流实例的执行提供运行服务环境的软件或"引擎"，它是工作流执行服务的核心，是执行企业经营过程的"业务操作系统"的内核。任务表是指分配给一个特定用户（或一组用户）处理的、由任务项组成的队列。而任务表管理器是一个软件模块，负责管理任务表，以完成与最终用户的操作进行交互。在工作流 MES 模型中，客户端应用与工作流引擎的交互是通过定义良好的接口来完成的，这个接口就是工作流任务表。在最简单的情况下，工作流引擎通过存取工作流任务表来完成特定任务到特定用户的分发过程，而工作流任务管理器存取工作流任务表

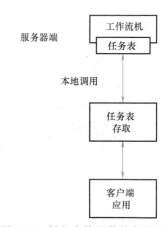

图 6-23 任务表管理器的实现方法

是为了获取任务项，将它们提供给用户进行处理，并得到处理结果。在实际车间中，当工人登录系统后，首先由工作流引擎从任务表中读取该设备对应的任务表并显示在该设备的显示屏中，其中也包括工序所需的加工数据以指导工人进行加工。当一个工序完成后，根据过程定义和工作流相关数据，任务表从工人那里获取相关信息来更新任务表中的任务项，并利用工作流引擎获取下一道工序及其使用设备分派给相关工人，同时刷新工人客户端的任务表来实时通知该工人进行加工生产，并提供加工所需要的工艺规程文件等加工数据。

6.2.4 MES 产品来源

MES 软件开发及应用市场有两个发展动向，ERP 软件开发商和系统集成商从上向下地渗透，将其功能向下扩展到 MES；以硬件起家的开发商和系统集成商则自下而上拓展到 MES，而 MES 软件独立开发商正受到来自这两个方面的挤压。一些实力雄厚的自动化系统供应商（如西门子、罗克韦尔）都在并购一些卓有成效的 MES 公司，或开发 MES 软件包来抢占 MES 的市场。

6.3 产品生命周期管理（PLM）系统

6.3.1 PLM 概述

产品生命周期管理（Product Lifecycle Management，PLM）是一种应用于单一地点的企业内部、分散在多个地点的企业内部，以及在产品研发领域具有协作关系的企业之间的，支持产品全生命周期信息的创建、管理、分发和应用的一系列应用解决方案，它能够集成与产品相关的人力资源、流程、应用系统和信息。

图 6-24 所示为 PLM 所涉及的产品数据，它包括如下几个方面。

（1）需求数据。主要指产品在设计前期从各种渠道得到的技术需求，包括功能及技术指标等。

（2）设计数据。产品在实际开发过程中的所有数据，包括文档、图纸、技术参数、物料清单（BOM）等。

（3）质量数据。产品在开发完成之后的质检数据，一般以报表的形式展现。

（4）生产数据。产品在实际运行中带来的缺陷报告记录以及在全生命周期中的维修记录，一般以报表的形式展现。

一般而言，在 PLM 系统中，以产品和项目两种实体作为数据关系实体的纲领，这种方法是十分清晰和易于管理的方式。所有的工程数据都以文档的形式体现，因此在 PLM 系统中的数据指的就是文档，这一点首先需要明确。至此，已经可以明确 PLM 系统的任务是处理产品、项目和文档三者之间的关系，它们的逻辑关系如图 6-25 所示。

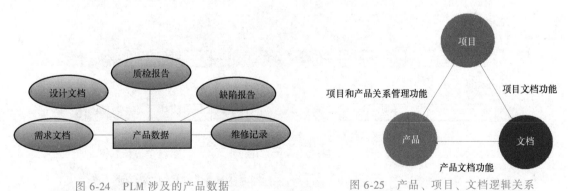

图 6-24 PLM 涉及的产品数据 图 6-25 产品、项目、文档逻辑关系

产品数据管理（Product Data Management，PDM）是一种用来管理所有与产品相关信息（包括零件信息、配置、文档、CAD 文件、结构、权限信息等）和所有与产品相关过程（包括过程定义和管理）的技术。PLM 完全包含了 PDM 的全部内容，PDM 功能是 PLM 的一个子集，但是 PLM 又强调了对产品生命周期内跨越供应链的所有信息进行管理和利用的概念，这是它与 PDM 的本质区别。

6.3.2 PLM 文档数据版本管理规则

文档作为 PLM 系统中最为常见的数据形式，实现其生命周期管理的途径是版本管理。

文档版本的管理流程如图 6-26 所示。

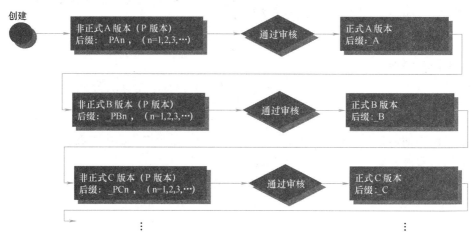

图 6-26　文档版本的管理流程

在 PLM 系统中，产品和文档都有版本跟踪，项目需要有状态变化和跟踪；也就是说，产品、项目和文档的状态都随时在发生改变，怎样实现版本关系的跟踪是系统设计中需要考虑的问题。详细的处理过程如图 6-27 所示。

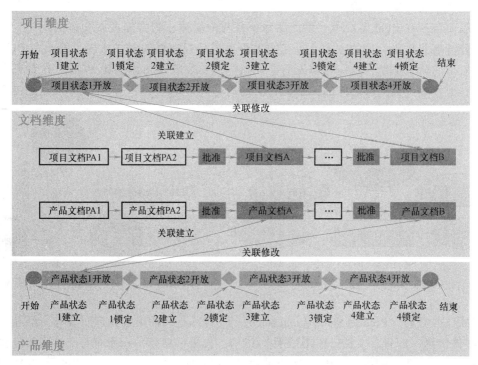

图 6-27　版本跟踪处理

版本跟踪处理的基本原则如下。

（1）在项目或产品状态开放时间区间内才能建立或修改文档与之对应的关系。

（2）项目或产品状态一旦锁定，关联关系就会同时被锁定。

（3）只有被批准过的文档才能与项目状态或产品状态相关联。

6.3.3 PLM 产品分层编号规则

在 PLM 系统中,产品是用于管理的一种特殊数据目录,或者是数据目录中的特殊一层,又可称为一种容器,它能够将若干数据如零件、物料清单(BOM)、图文档组织在一起进行管理,产品里面还可以继续划分子数据目录进行管理。某机械装配企业的 PLM 产品数据目录如图 6-28 所示。

图 6-28 PLM 产品数据目录

在常见的 PLM 系统中,为了实现产品的层级管理,一般需要按照一定的规则对本单位所使用的各种产品按照层级编号,这样才能按照 BOM 有序地索引到所有的产品,并进行管理。一般的做法是通过前缀来实现产品的分层,而为了控制系统的复杂度,分级一般不超过4级。图 6-29 是一个 4 级结构的产品分级示意图。

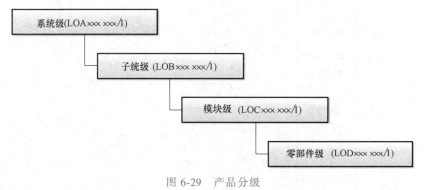

图 6-29 产品分级

6.3.4 PLM 产品数据关系管理规则

PLM 产品数据管理系统的主要任务是管理如下数据。

（1）产品相关技术文档，包括但不限于：设计需求、CAD 图纸、工艺要求规范、BOM 表、验证规范、验证报告。

（2）零部件相关技术文档，包括但不限于：零部件规格资料、零部件图纸。

（3）项目文档，包括但不限于：项目预算、项目结算报告、项目时间计划、项目风险管理、项目总结（该部分主要针对以研发项目进行开发设计的企业）。

（4）运维文档，包括但不限于：维修记录、产品缺陷报告、产品使用反馈调查表。

在实际过程中，PLM 产品数据都是以各种各样的计算机文件的形式进行保存，对数据文件的格式规定如表 6-2 所示。

表 6-2　数据文件格式

数据类型	文件格式	示例
超文本文件	MS Office、pdf	规范、报告等
关系数据	csv、txt	BOM 等
CAD 设计文件	专用格式、pdf	2D、3D 设计文件

产品与文档之间的关系如图 6-30 所示。

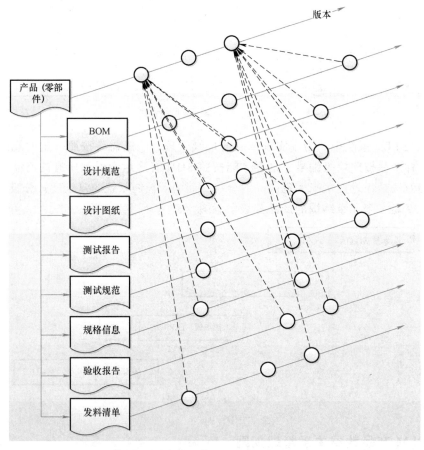

图 6-30　产品与文档之间的关系

6.3.5 PLM 数据流

通过 PLM 的实施，计算机辅助工艺规划（CAPP）可以使用 PLM 的控件浏览 PLM 中的相关文档，以及完成 BOM 数据的导入工作；PLM 使用 CAPP 控件浏览 CAPP 中的工艺卡片内容；ERP 使用 PLM 上的控件浏览 PLM 中的相关文档，同时完成 BOM 数据的导入工作。PLM 的基本体系结构如图 6-31 所示。

6-3 PLM 数据流

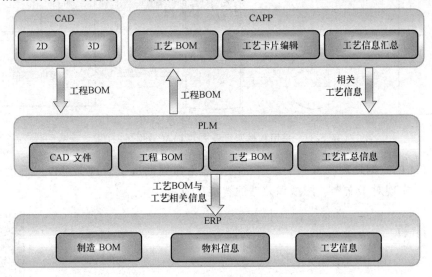

图 6-31 PLM 的体系结构

在该体系结构中，设计人员在 PLM 系统中完成设计 BOM 的搭建，设计 BOM 中包含配置情况；工艺人员在 PLM 中进行工艺 BOM 的搭建，工艺 BOM 包含毛坯节点和原材料节点以及零件的工艺路线属性以及其他物料属性；ERP 系统中的相关人员根据流程单号利用 PLM 通道读取该产品工艺数据。

PLM 系统数据过程和流向如图 6-32 所示。可以看到，PLM 数据的制造者是设计和工艺部门（统称研发部门），这部分数据对于大多数企业而言是无形资产，需要做必要的访问权限管理，比如设计、研发和制造执行部门之外的部分需要获得访问授权（即鉴权系统）才能访问该数据库中的部分内容。

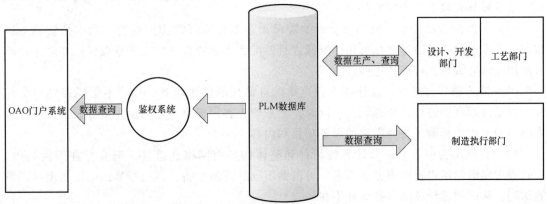

图 6-32 PLM 系统数据过程和流向

在实际部署中，将 PLM 中的数据分为公开和保密两类，并进行隔离，只有公开数据才可以在授权后进行访问，以此提高系统的安全性。采用数据密级隔离的 PLM 数据流向图如图 6-33 所示。

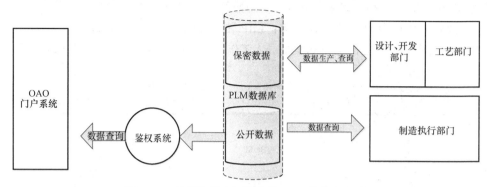

图 6-33　采用数据密级隔离的 PLM 数据流向图

实施 PLM 的数据处理，有利于对产品的全部生命周期进行管理，可以大幅度提高工厂的生产效率，实现对于文档、图纸和数据的智能化应用。

6.4　云计算

6.4.1　云计算概述

6-4　云计算概述

如图 6-34 所示的图标表现的是目前非常流行的一种概念——云计算（Cloud Computing），它是一种基于互联网的计算方式。通过这种方式，共享的软硬件资源和信息可以按需提供给计算机和其他设备。典型的云计算提供商往往提供通用的网络业务应用，可以通过浏览器等软件或者其他 Web 服务来访问，而软件和数据都存储在服务器上。云计算服务通常提供通用的、通过浏览器访问的在线商业应用，软件和数据可存储在数据中心。典型的云计算平台结构如图 6-35 所示。

图 6-34　云计算

云计算具有以下几个主要特征。

（1）资源配置动态化。根据消费者的需求动态划分或释放不同的物理和虚拟资源，当增加一个需求时，可通过增加可用的资源进行匹配，实现资源的快速弹性提供；如果用户不再使用这部分资源，可释放这些资源。

（2）需求服务自助化。云计算为客户提供自助化的资源服务，用户不必同提供商交互就可自动得到自助的计算资源能力。同时，云系统为客户提供一定的应用服务目录，客户可采用自助方式选择满足自身需求的服务项目和内容。

（3）以网络为中心——云计算的组件和整体构架由网络连接在一起并存在于网络中，同时通过网络向用户提供服务。而客户可借助不同的终端设备，通过标准的应用实现对网络的访问，从而使云计算的服务无处不在。

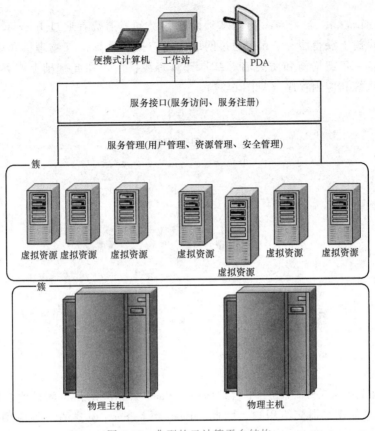

图 6-35 典型的云计算平台结构

（4）服务可计量化。在提供云服务过程中，针对不同客户的服务类型，通过计量的方法来自动控制和优化资源配置。即资源的使用可被监测和控制，是一种即付即用的服务模式。

（5）资源的池化和透明化——对云服务的提供者而言，各种底层资源（计算、储存、网络、资源逻辑等）的异构性被屏蔽，边界被打破，所有的资源可以被统一管理和调度，成为所谓的"资源池"，从而为用户提供按需服务；对用户而言，这些资源是透明的、无限大的，用户不必了解其内部结构，只关心自己的需求是否得到满足即可。

6.4.2 云计算常用服务形态解析

如图 6-36 所示，云计算包括基础设施即服务（IaaS，即设施云）、平台即服务（PaaS，即平台云）和软件即服务（SaaS，即应用云）。

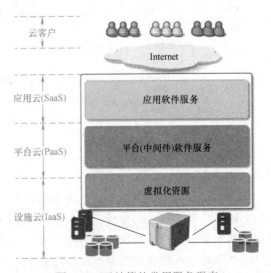

图 6-36 云计算的常用服务形态

1. IaaS

IaaS（Infrastructure as a Service）：基础设施即服务。消费者通过 Internet 就可以从完善的计算机基础设施上获得服务。Iaas 通过网络向用户提供计算机（物理机和虚拟机）、存储空间、网络连接、负载均衡和防火墙等基本计算资源；用户在此基础上部署和运行各种软件，包括操作系统和应用程序（见图 6-37）。

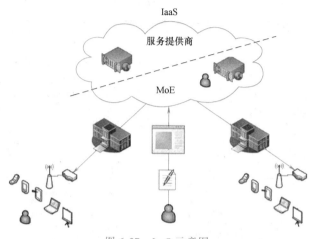

图 6-37　IaaS 示意图

2. PaaS

PaaS（Platform as a Service）：平台即服务。PaaS 实际上是指将软件研发的平台作为一种服务，以 SaaS 的模式提交给用户。因此，PaaS 也是 SaaS 模式的一种应用。但是，PaaS 的出现可以加快 SaaS 的发展，尤其是加快 SaaS 应用的开发速度。平台通常包括操作系统、编程语言的运行环境、数据库和 Web 服务器，用户在此平台上部署和运行自己的应用。用户不能管理和控制底层的基础设施，只能控制自己部署的应用（见图 6-38）。

图 6-38　PaaS 示意图

3. SaaS

SaaS（Software as a Service）：软件即服务。它是一种通过 Internet 提供软件的模式，用户不必购买软件，而是向提供商租用基于 Web 的软件，即可管理企业的经营活动。云提供商在云端安装和运行应用软件，云用户通过云客户端（通常是 Web 浏览器）使用软件。云用户不能管理应用软件运行的基础设施和平台，只能做有限的应用程序设置（见图 6-39）。

除了上述三种常用服务形态之外，还有一种 ACaaS（Access control as a Service），门禁即服务。

6.4.3　云计算的 MapReduce 编程模型

1. MapReduce 产生的背景

MapReduce 最早是由谷歌提出的，它采用了"分而治之"的思想。具体来说，其处理过程可以高度概括为两个函数：Map 函数和 Reduce 函数。Map 函数的任务是进行初始任务的分解，使之成为多个子任务，而 Reduce 函数则主要负责把这些子任务分解处理后的结果汇总起来。而在并行编程过程中遇到的其他复杂的问题，诸如负载均衡、工作调度、容错处理、分布式存储、网络通信等都由框架负责解决。值得一提的是，用 MapReduce 来处理的数据集（或任务）必须具备这样的特点：等待被处理的任务能够被分解为多个子任务，而且每个子任务都可以进行完全并行的处理。图 6-40 为 MapReduce 模型的基本原理。

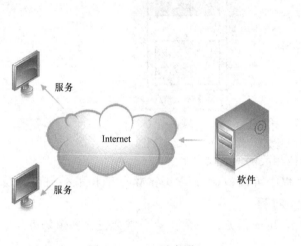

图 6-39　SaaS 示意图

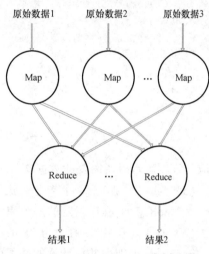

图 6-40　MapReduce 模型的基本原理

2. 在 Hadoop 上 MapReduce 的工作机制

相比较于谷歌的 MapReduce 框架，Hadoop 项目则编写了大量的代码以实现计算任务的分发、调度、运行、容错等机制（见图 6-41）。

Hadoop 上的 MapReduce 运行机制中主要包含了以下几个独立的大类组件。

（1）Client。此节点上运行了 MapReduce 程序和 JobClient，主要作用是将 MapReduce 作业进行提交并为用户显示处理结果。

（2）JobTracker。JobTracker 主要负责协调 MapReduce 作业的执行，它是 MapReduce 运行机制中进行主控的节点。JobTracker 的功能包括完成 MapReduce 作业计划的制订、分配任务的 Map 和 Reduce 执行节点、监控任务的执行、重新分配失败的任务等。JobTracker 在 Hadoop 集群中是十分重要的节点，并且每个集群只能有一个 JobTracker。

（3）TaskTracker。分为 Map TaskTracker 和 Reduce TaskTracker，前者负责执行由 JobTracker 分配的 Map 任务，系统中可以有多个 Map TaskTracker；后者负责执行由 JobTracker 分配的 Reduce 任务，系统中也可以有多个 Reduce TaskTracker。

（4）共享文件系统。例如 HDFS（Hadoop Distributed File System），在此文件系统中存储

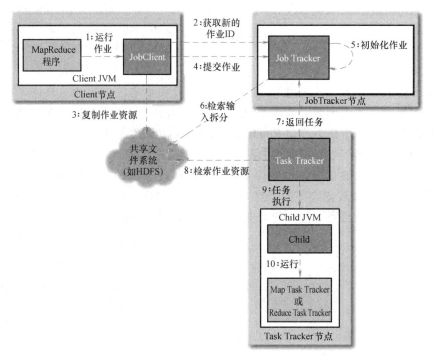

图 6-41　Hadoop 上 MapReduce 的工作机制

了应用程序运行时所需要的数据文件及其他相关的配置文件。

（5）Job（作业）。一个作业在执行过程中可以被拆分成多个 Map 和 Reduce 任务来完成，是 MapReduce 程序指定的一个完整计算过程。

（6）Task（任务）。任务分为 Map 和 Reduce 任务，一个作业通常会包含多个任务，它是 MapReduce 框架中并行计算的基本单元。

3. MapReduce 作业运行流程

如图 6-42 所示是 MapReduce 作业的运行流程。

（1）作业提交。当使用者编写完成 MapReduce 程序后会新建一个 JobClient 的实例，新建完成后 JobClient 会向主控节点（JobTracker）申请一个新的作业号（JobID），用来标记此次作业。在主控节点检查此次作业输入数据和输出目录没有问题后，便开始调度本次作业需要使用的相关资源和配置，诸如作业的相关配置和分片的次数等，当以上工作全部完成后，JobClient 就向主控节点发出作业的提交申请。

（2）作业初始化。因为主控节点在一个集群中只有一个，所以它会收到一系列由 Job-Client 发出的作业请求，因而主控节点在其内部建立了一个处理队列的机制。将放入内部队列的请求经过作业调度器进行调度，然后主控节点为作业进行初始化调度。

（3）任务分配。MapReduce 处理框架中的任务分配机制可以形象地称为"拉"（pull），在任务开始执行分配之前，主要负责 Map 和 Reduce 任务的 TaskTracker 节点已经启动，它会向主控节点不断发送心跳消息来询问是否有任务可以执行，如果 TaskTracker 的作业队列非空，它便会收到主控节点发来的任务。在通常情况下，优先将 Map 任务槽填满，然后再执行 Reduce 任务槽的分配。

（4）Map 任务执行。当 Map TaskTracker 节点接收到主控节点分配的 Map 任务后，会经历一系列的操作。其中的重点是在完成准备工作后，TaskTracker 会新建一个 TaskRunner 实例来执行此 Map 任务。同时，TaskRunner 为了避免 Map 任务的运行异常会影响到 TaskTracker 的正常运行而单独启动一个虚拟机，然后在其中运行指定的 Map 任务。最终直到任务执行完成，所有的计算结果将会被存入本地磁盘中。

（5）Reduce 任务执行。和 Map 任务执行的过程类似，Reduce 在执行时同样也会生成单独的虚拟机来执行任务，不同的是只有当所有的 Map 任务全部执行完成后，主控节点才会通知 Reduce TaskTracker 节点开始执行 Reduce 任务。

（6）作业完成。随着 Reduce 任务的执行，Reduce 任务会将计算结果不断地输出并存放到分布式文件系统的临时文件中，当全部的 Reduce 任务完成后，将这些临时文件合并为一个最终的输出文件，主控文件会将此作业的状态设置为完成，进而 JobClient 会通知用户作业的完成情况并显示需要的信息。

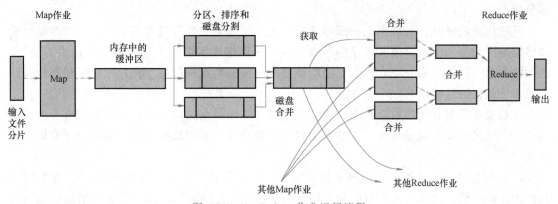

图 6-42　MapReduce 作业运行流程

4. MapReduce 容错机制

因为 MapReduce 在通常情况下都是在大型集群系统中进行海量数据的处理，所以容错机制对其来说也是必不可少的。在一般情况下，MapReduce 是通过将失效节点的任务进行重新执行来实现容错的。

（1）Master 容错。Master 节点负责控制任务的调度，还可以用来保存元数据，它会周期性地设置检查点（checkpoint），随之将 Master 节点中的数据信息导出。每当有一个任务失效的时候，系统就会从最近设置的那个检查点来回复数据信息，并重新运行任务。然而，由于集群中通常只有一个 Master 节点，所以一旦 Master 节点失效，那么只能通过终止整个 MapReduce 程序的运行来完成容错并重新开始。

（2）Worker 容错。Worker 节点负责计算任务的执行。Worker 节点失效比较常见，如果说 Master 节点向所有 Worker 节点发送的 ping 命令没有得到回应，就说明该 Worker 节点已经失效，Master 节点会将此节点状态设置为空闲并且把这个 Worker 节点的任务分配给其他的 Worker 节点来再次执行。

由于 Map 任务输出的中间状态结果一般是存储在本地的节点上的，所以对于那些在失效节点上已经执行完的 Map 任务来说，它们所产生的中间结果是没有办法访问的，因而它们同样也需要被重新执行。而不同的是，Reduce 任务执行所得的结果是保存在全局文件系统中的，因而那些已经执行完成的 Reduce 任务将不必重新执行。

对于大规模节点的失效情形，MapReduce 也具有相应高效的容错机制。例如，在集群进行网络方面的维护时，一般就会使几十台甚至成百上千台计算节点在一定的时间段内无法使用。Master 节点可以把这些不能访问的节点上的任务重新进行执行并在同时继续调度任务，从而最终完成 MapReduce 程序的正常运行。

6.5 大数据

6.5.1 大数据概述

对于"大数据"（Big Data），研究机构 Gartner 给出了这样的定义："大数据"是需要新处理模式才能具有更强的决策力、洞察发现力和流程优化能力的海量、高增长率和多样化的信息资产。

从使用角度来看，大数据是指那些超过传统数据库系统处理能力的数据。它对数据规模和转输速度的要求很高，或者其结构不适合原本的数据库系统。为了获取大数据中的价值，必须选择另一种方式来处理它。数据中隐藏着有价值的模式和信息，在以往需要相当的时间和成本才能提取这些信息。

大数据是数据分析的前沿技术，也就是从各种各样类型的数据中，快速获得有价值信息的能力。它可分成大数据技术、大数据工程、大数据科学和大数据应用等领域，具有以下四个特性。

（1）海量性。企业面临着数据量的大规模增长。据 IDC 预测，到 2030 年，全球数据量将扩大 10000 倍。目前，大数据的规模尚是一个不断变化的指标，单一数据集的规模范围从几十 TB 到数 PB 不等。

（2）多样性。数据多样性的增加主要是来源于新型的多结构数据，不仅有网络日志、社交媒体、互联网搜索、手机通话记录等数据类型产生的数据，还有安装在生活或生产现场的大量传感器产生的数据，这些都会增加数据的多样性。

（3）高速性。在高速网络时代，通过基于实现软件性能优化的高速计算机处理器和服务器，创建实时数据流已成为流行趋势。企业不仅需要了解如何快速创建数据，还必须知道如何快速处理、分析并返回给用户，以满足他们的实时需求。

（4）易变性。大数据具有多层结构，这意味着大数据会呈现出多变的形式和类型。相较传统的业务数据，大数据存在不规则和模糊不清的特性，导致很难甚至无法使用传统的应用软件进行分析。目前，企业面临的挑战是处理并从各种形式呈现的复杂数据中挖掘价值。

6.5.2 数据仓库

数据仓库就是面向主题的、集成的、不可更新的、随时间不断变化的数据集合。与其他数据库应用不同的是，数据仓库更像一种过程，即对分布在企业内部各处的业务数据的整合、加工和分析的过程。

数据仓库具有如下四个特征。

（1）面向主题。数据仓库中的数据是按照一定的主题域进行组织的。主题是一个抽象的概念，是指用户使用数据仓库进行决策时所关心的重点方面，一个主题通常与多个操作型信息系统相关。

（2）集成性。数据仓库中的数据是在对原有分散的数据库数据进行抽取和清理的基础上，经过系统加工、汇总和整理而得到的，必须消除源数据中的不一致性，以保证数据仓库内的信息是关于整个企业的一致的全局信息。

（3）相对稳定性。数据仓库的数据主要供企业决策分析之用，所涉及的数据操作主要是数据查询，一旦某个数据进入数据仓库以后，一般情况下将被长期保留，也就是数据仓库中一般有大量的查询操作，但修改和删除操作很少，通常只需要定期加载和刷新。

（4）反映历史变化。数据仓库中的数据通常包含历史信息，系统记录了企业从过去某一时刻到目前各个阶段的信息，通过这些信息，可以对企业的发展历程和未来趋势做出定量分析和预测。

6.5.3　数据分析技术

1. 联机分析处理（OLAP）

OLAP 是数据处理的一种技术概念，其目的是使企业的决策者能灵活地操纵企业的数据，以多维的形式从多面角度来观察企业的状态、了解企业的变化，可以快速、一致、交互地访问各种可能的信息视图，帮助管理人员掌握数据中存在的规律，实现对数据的归纳、分析和处理，帮助组织完成相关的决策。

根据 OLAP 产品的实际应用情况和用户对 OLAP 产品的需求，人们对 OLAP 提出了一种更简单明确的定义，即共享多维信息的快速分析。OLAP 通过对多维信息以很多种可能的观察方式进行快速、稳定、一致和交互性的存取，允许管理决策人员对数据进行深入观察。基于操作型数据环境的联机事务处理（OLTP），其基本操作是通过经典的 SQL 语句实现的。而 OLAP 多维数据分析是指对多维数据采取切片、切块、钻取、旋转等各种分析操作，以求剖析数据，使用户最终能从多角度、多侧面来观察数据库中的数据，从而深入地了解包含在数据中的信息、内涵。数据仓库系统一般都支持 OLAP 的这些基本操作，也可以认为是一种扩展了的 SQL 操作。

OLAP 是直接仿照用户的多角度思考模式，预先为用户组建多维的数据模型，在这里，维指的是用户的分析角度。例如，对销售数据的分析，时间周期是一个维度，产品类别、分销渠道、地理分布、客户群类也分别是一个维度。一旦多维数据模型建立完成，用户可以快速地从各个分析角度获取数据，也能动态地在各个角度之间切换或者进行多角度综合分析，具有极大的分析灵活性。这也是联机分析处理在近年来被广泛关注的根本原因，它从设计理念和真正实现上都与旧有的管理信息系统有着本质的区别。

2. 联机分析处理与数据仓库的关系

事实上，随着数据仓库理论的发展，数据仓库系统已逐步成为新型的决策管理信息系统的解决方案。数据仓库系统的核心是联机分析处理，但数据仓库包括更为广泛的内容。

概括来说，数据仓库系统是指具有综合企业数据的能力，能够对大量企业数据进行快速和准确分析，辅助做出更好的商业决策的系统（见图 6-43）。它本身包括以下三部分内容。

（1）数据层。实现对企业操作数据的抽取、转换、清洗和汇总，形成信息数据，并存储在企业级的中心信息数据库中。

（2）应用层。通过联机分析处理，甚至是数据挖掘等应用处理，实现对信息数据的分析。

（3）表现层。通过前台分析工具，将查询报表、统计分析、多维联机分析和数据发掘的结论展现在用户面前。

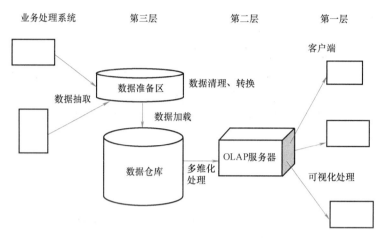

图 6-43　数据仓库与 OLAP 的关系

3. OLAP 的应用

从应用角度来说，数据仓库系统除了联机分析处理外，还可以采用传统的报表，或者采用数理统计和人工智能等数据挖掘手段，涵盖的范围更广；就应用范围而言，联机分析处理往往根据用户分析的主题进行应用分割，例如，销售分析、市场推广分析、客户利润率分析等，每一个分析的主题都可以形成一个 OLAP 应用，而所有的 OLAP 应用实际上只是数据仓库系统的一部分。

联机分析处理的用户是企业中的专业分析人员及管理决策人员，他们在分析业务经营的数据时，从不同的角度来审视业务的衡量指标是一种很自然的思考模式。例如，分析销售数据，可能会综合时间周期、产品类别、分销渠道、地理分布、客户群类等多种因素来考虑。这些分析角度虽然可以通过报表来反映，但每一个分析的角度可以生成一张报表，各个分析角度的不同组合又可以生成不同的报表，使得专业分析人员的工作量相当大，而且往往难以跟上管理决策人员思考的步伐。

6.5.4　数据挖掘技术

数据挖掘，又称数据库中的知识发现，是指从大型数据库或数据仓库中提取隐含的、未知的、非平凡的及有潜在应用价值的信息或模式，它是数据库研究中一个很有应用价值的新领域，融合了数据库、人工智能、机器学习、统计学等多个领域的理论和技术。人工智能技术在专家咨询、语言处理、娱乐游戏等模式识别领域的应用日益广泛。从选取专业学习、研究方向的实际出发，人们提出了将数据挖掘应用于辅助选取专业学习、研究方向的数据挖掘技术流程模型。

6-5　数据挖掘技术

数据挖掘技术是一个多步骤、可能需多次反复的处理过程。主要包括以下几步：准备、数据选取、数据预处理、数据缩减、确定数据挖掘的目标、确定知识发现算法、数据挖掘、模式解释、知识评价，如图 6-44 所示。其中，最重要的一个步骤是数据挖掘，它是利用某些特定的知识发现算法，在可接受的运算效率的限制下，从有效数据中发现有关的知识。

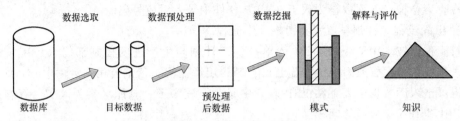

图 6-44　数据挖掘过程图

数据挖掘技术主要有四种开采任务。

（1）数据总结是对数据进行浓缩，给出它的紧凑描述。数据挖掘是从数据泛化的角度来讨论数据总结。

（2）分类发现是一项非常重要的任务，分类是运用分类器把数据库中的数据项映射到给定类别中的某一个，用于对未来数据进行预测。

（3）聚类是把一组个体按照相似性归成若干类别，它的目的是使属于同一类别的个体之间的距离尽可能的小，而不同类别的个体间的距离尽可能的大。

（4）关联规则是指事物之间的联系具有多大的支持度和可信度。有意义的关联规则必须给定两个阈值：最小支持度和最小可信度。

数据挖掘的结果只有经过业务决策人员的认可，才能实际利用。要将通过数据挖掘得出的预测模式和各个领域的专家认识结合在一起，构成一个可供不同类型的人使用的应用程序。也只有通过对挖掘知识的应用，才能对数据挖掘的成果做出正确的评价。但是在应用数据挖掘成果时，决策人员所关心的是数据挖掘最终结果与用其他候选结果在实际应用中的差距。

6.6　智能制造数据平台规划实例

6.6.1　方案规划

本实例拟对物料生产加工的智能制造数据平台建设做一个方案规划，具体包括以下内容。

（1）数据平台架构。拟建立一个基本的、具有广泛适应性的数据平台框架，并标明其关键技术。

（2）数据平台的应用背景。针对实际的应用，对企业的规模、业务过程、数据采集的类型和要求、数据量等具体应用情况进行描述。

（3）数据平台方案规划。依据框架和具体的应用背景，具体给出某企业的数据平台方案，指明需要的数据类型、数量以及实现方法等。

（4）软硬件部署设计。对系统部署实施阶段所需的软件和硬件环境做出规定。

6.6.2　需求分析

1. 仓储需求分析

调研情况发现某物料加工厂有器件、半成品（原材料）、成品三种类型的产品，具体流程如下。

（1）入库流程：待验→检验→入库，其中待验环节主要是核对物料信息以及抽样检查数量；检验为全检；入库数据为人工在 ERP 软件中录入对应号码。

（2）出库流程包括领料流程和销售出库流程。

领料流程：技术中心下发 BOM 清单→生产计划与生产进度控制部门（PMC）做计划单，发送领料单→库管发料→生产配套区；销售出库流程：营销公司→运输中心→库管。

分析：出入库数据需人工在 ERP 软件中录入，较烦琐；仓库堆料为人工，存在摆放不合理以及快速查找响应慢等问题。

2. 生产需求分析

调研情况发现该工厂有 11 条生产线，每条生产线独立工作，生产情况由人工统计，在现场表现为小黑板展示，在后台为人工输入计算机。

（1）专线生产线有 MES 系统，并配套扫码枪。

（2）PMC 部向生产部门下发总生产计划，生产部门根据实际生产线情况制订排产计划；PMC 部下发的 BOM 清单会在生产部做一次比对，如果发现有问题则追溯；如果没问题，则实施配料。

（3）新生产线数据目前已做到在上位机进行数据读取，使用的是设备配套的软件，读取的信息类型较丰富；旧生产线数据能否读取尚不清楚。新生产线设备的数据传递口为 LAN 口。

分析：

（1）PLM 系统产生的 BOM 清单在修改时，由于系统间传递信息的时间不对称，会造成生产部门的 BOM 清单与最新的 BOM 清单不匹配的问题，使配料环节产生问题。

（2）从现场工作人员对专线 MES 的反馈来看，效果并不太好，如数据统计不准确等问题时有发生。

3. 其他需求分析

（1）提供制造前端的各类传感器数据物理量的数据采集，各种设备（装备）的状态数据、过程数据和工艺数据等关心的数据采集。

（2）提供制造前端所需的数据录入和搜集所需的人机交互界面，实现人工录入信息的采集。

（3）保证数据采集过程中的数据传输安全，保证设备接入网络后的工作状态可靠和信息安全。

（4）提供数据存储、查询、分析等所需的软件及数据接口。

4. 企业信息化现状分析

该工厂目前已经有 ERP（金蝶）、OA（大通）、PLM（金蝶）、条形码系统、MES 等五个系统。

（1）ERP 系统功能。供应链、生产制造（生产计划、BOM 清单、车间管理）、财务结算、基础数据（与 PLM 系统的 BOM 清单同步）。

（2）OA 系统功能。审批流、财务报销、初步的 BI 分析（财务报表）、集成应用（物资借用、付款申请、基础资料）。

（3）PLM 系统功能。资料电子化（审批流程）、资料数据化（BOM）、物料申请（与

ERP 系统同步）、项目管理（下一步目标）。

（4）条形码系统功能。成品下线、质检、出入库、售后。物料信息、出入库单与 ERP 系统同步。

（5）MES 功能。SMT 管理（追溯物料，板卡与批次绑定）、DIP（插件）追溯、组测包（生产过程管控）、库存发货管理、物料信息、出入库单、BOM 与 ERP 系统同步。

分析：所有系统以 ERP 系统为核心，其余系统则与 ERP 系统进行部分数据交互，由于各系统中有自己独立的流程，所以在数据共时性上会存在数据同步的问题。每个系统都有各自独立的数据库和自身的数据格式，在进行系统间数据传递时有报错的风险。

6.6.3　智能制造方案

1. 系统架构

按照工业大数据平台构建数字系统的思路，智能制造的总体框架和子系统划分如图 6-45 所示。

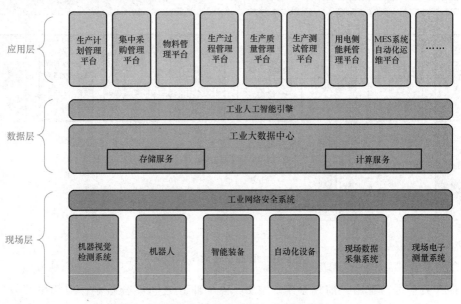

图 6-45　智能制造的总体框架和子系统划分

图 6-46 给出了智能制造的总体框架，按照功能关系划分为三大部分，每一个部分的功能细化如下。

（1）子系统 1.1~1.8 都是部署在现场的各种软硬件系统。

（2）子系统 2.1 是大数据平台。

（3）子系统 3.1~3.7 是应用软件系统。

需要指出的是，在子系统 1.1~1.8 之外，还可以扩展其他的现场应用系统，只要其数据接口和通信协议满足大数据平台的要求即可；在子系统 3.1~3.7 之外，还可以扩展其他应用管理系统，包括 ERP、OA 等相关功能都可以在这一层实现扩展。

子系统耦合关系分析如表 6-3 所示。

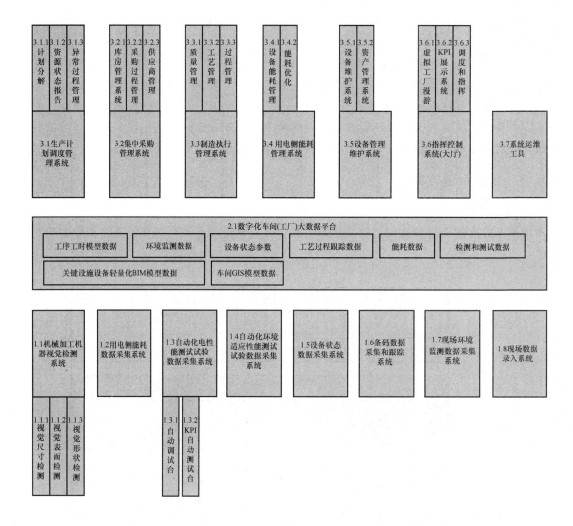

图 6-46　智能制造的总体框架

从耦合关系可以看出，前端系统（1.x）各个部分之间耦合很小，应用系统（3.x）各个部分之间的耦合也很小。所有的耦合关系都集中在大数据平台，因此大数据平台的建设是最为关键的步骤。

2. 工业大数据中心方案

工业大数据平台框架如图 6-47 所示。

工业大数据平台分为如下四部分。

（1）前端数据采集系统。包括数据采集器、嵌入式软硬件、数据调理设备等，可以实现前端各种数据的提取，并进行传输编码、协议封装等预处理工作。

（2）工业防火墙。实现前端设备与数据网中其他设备之间的隔离，以保护设备本身工作状态稳定可靠，不受威胁。PLC、RTU 等设备在过去一般是不接入网络的，自然也不需要安全防护，但在智能制造大背景下，设备接入网络是不可回避的问题，因此安全隔离自然也成为必须考虑的要素。

表 6-3 子系统耦合关系

	1.1视觉检测系统	1.2用电侧能耗数据采集	1.3ATE系统	1.4ENV测试系统	1.5设备状态数据采集	1.6条码数据采集	1.7现场环境监测数据采集	1.8现场数据录入系统	2.1工业大数据平台	3.1生产计划调度管理	3.2集中采购管理	3.3制造执行管理	3.4用电侧能耗管理	3.5设备管理	3.6指挥控制	3.7系统运维工具
1.1 视觉检测系统	—								Y							
1.2 用电侧能耗数据采集		—							Y							
1.3ATE 系统			—	Y					Y							
1.4 ENV 测试系统			Y	—					Y							
1.5 设备状态数据采集					—				Y							
1.6 条码数据采集						—			Y							
1.7 现场环境监测数据采集							—		Y							
1.8 现场数据录入系统								—	Y							
2.1 工业大数据平台	Y	Y	Y	Y	Y	Y	Y	Y	—	Y	Y	Y	Y	Y	Y	Y
3.1 生产计划调度管理									Y	—	Y					
3.2 集中采购管理									Y		—					
3.3 制造执行管理									Y			—				
3.4 用电侧能耗管理									Y				—			
3.5 设备管理									Y					—		
3.6 指挥控制									Y						—	
3.7 系统运维工具									Y							—

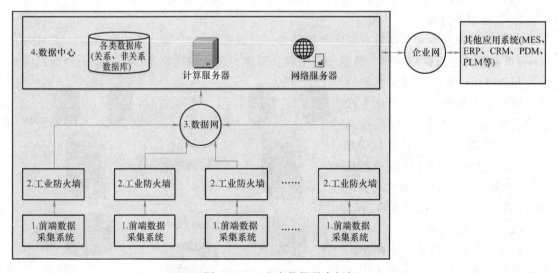

图 6-47 工业大数据平台框架

（3）数据网：指工业现场的各种传输协议，常见的有 RS485、Modbus、Profinet、Ethernet、CC-Link 等总线形式，大多数采用通用的协议控制器连接即可。

（4）数据中心：数据中心的主要任务是数据的存储、数据计算、数据请求服务响应。

6.6.4 现场层系统

1. 数据采集方案

生产数据包括但不限于产品型号、产品批次号、产品原料来源、产品数量、产品质检结论、产品生产时间戳。本实例中生产数据的采集来源于以下四种。

（1）设备自读取。具备通信接口的设备有自带软件可以将产品生产信息导出，该数据的格式存在不确定性，可能需要规约之后放入系统数据库。设备数据包括但不限于设备运行数据、设备状态数据、设备档案数据、设备维护数据等。

（2）传感器采集。在生产关键节点加装传感器进行数据采集，利用这种方式时应注意科学规划传感器的部署，否则可能会造成数据记录遗漏或错误。采用智能物联技术集成了大量传感器，如烟雾传感器、灰尘传感器、湿度传感器、温度传感器、热释电传感器、光线传感器、气体传感器等。如图 6-48 所示，无线传感模块在接入网络后能够直接将现场环境数据采集上传至数据中心。

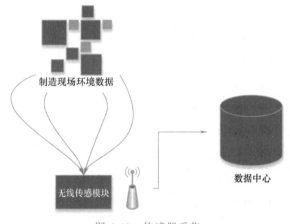

图 6-48　传感器采集

（3）RFID、二维码等信息采集。采用读写器、扫码枪等设备通过智能物联技术进行数据上传。

（4）其他系统导入。通过开放的数据接口协议，从其他系统导入或导出。

2. 数据服务方案

（1）数据库。本实例制造现场属离散制造，其数据基数适中，可采用 Oracle 或 MSSQL Server 等数据库进行数据存储。数据库采用主备架构，该架构提供了一个高效、全面的灾难恢复和高可用性解决方案。自动故障切换和易于管理的转换功能允许主数据库和备用数据库之间的快速转换，从而使主数据库因计划中和计划外的中断所导致的停机时间减到最少。主数据库和备用数据库可在两台服务器上分别布置，如图 6-49 所示。

（2）工业防火墙。

在工业现场，设备在不断提高智能化程度的同时，也带来了安全隐患。尤其是在自动化程度较高的

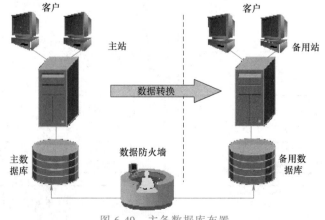

图 6-49　主备数据库布置

制造现场，如果设备受到恶意代码的攻击，损失将不堪设想。所以，在设备与网络接口之间架设工业防火墙是十分必要的。如图6-50所示，工业防火墙可以检测流经的异常数据，收集和管理黑白名单，实现智能学习、漏洞挖掘并制定相应的安全策略，实现整个工作站的"白环境"。

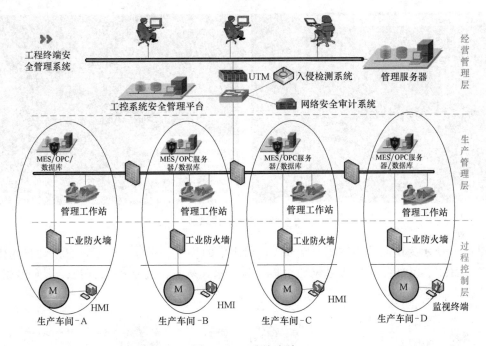

图 6-50　工业防火墙

3. 产品检测系统与测试互联网

本实例中，采用现场工作站、视觉算法层以及数据中心等构成完整的产品检测系统（见图6-51）。

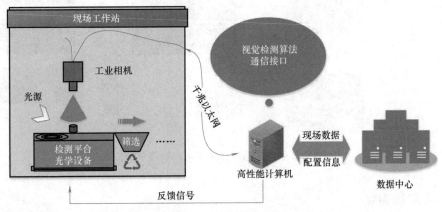

图 6-51　产品检测系统

现场工作站主要由一些光学设备及自动化运行系统构成。光学系统一般包括工业相机、光源、棱镜等。高性能计算机则是视觉算法的载体，它将负责与现场工业相机通信，获取图片，并执行检测。当物料经过相机时，传感器将触发一个脉冲信号通知相机进行拍照。图片的分辨率、清晰度、物体在图中的大小、图像曝光度及图像的颜色通道等都应该综合考虑，拍摄的照片应尽可能地减少图像算法的预处理工作量，以保证对运行时间的优化集中在软件层面。图 6-52 所示为待测物体形状、数量和位置识别。

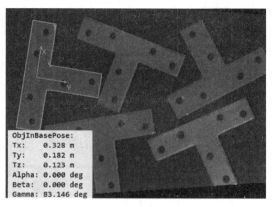

图 6-52　待测物体识别

图 6-53 所示为产品检测系统在企业生产管理中的位置，充分发挥了信息自动化的优势，实现了与 MES、PLM、CRM 等系统的对接，为技术人员提供完备的数据流，从而形成更加系统的智能制造测试体系。

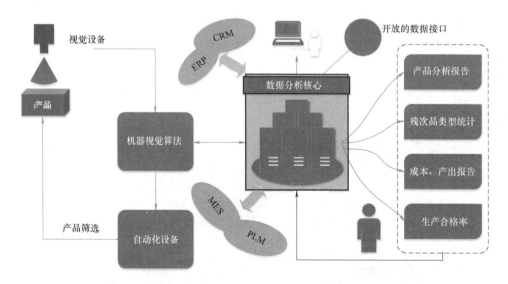

图 6-53　产品检测系统在企业生产管理中的位置

6.6.5　应用层系统

1. 智能仓储

库房管理可分为出入库管理、库存管理、盘存管理、库存预警管理等功能模块，其目标是当系统联网运行时，仓库的库存信息能够实时地、准确地共享，方便各部门、科室、人员的查询和使用。传统的仓库具有空间利用率低、灵活性差、差错率高、扩展性能差、联动性差等缺点。在智能仓储系统建设中，备料辅助系统的作用就是快速存放和取用所需的器件或产品，其结构如图6-54所示。图中自动化高架库用自动化堆垛机、货架系统实现物料存取；自动化输送装备实现物料的交接和搬运；自动物料追踪用RFID实现物料操作过程的追踪。在系统设计中需要考虑的因素包括托盘物品（存放对象、物料质量、物料尺寸）、空托盘垛（存放位置、顶层高度）、组合式货架（材料、尺寸、间隙）、堆垛机（载荷参数、控制方式、速度）、AGV输送机等。

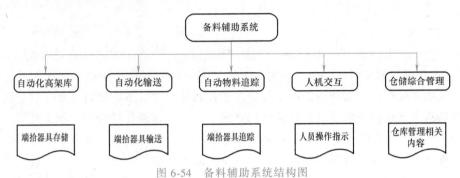

图6-54　备料辅助系统结构图

图6-55所示为本实例中的备料辅助系统硬件组成示意图。

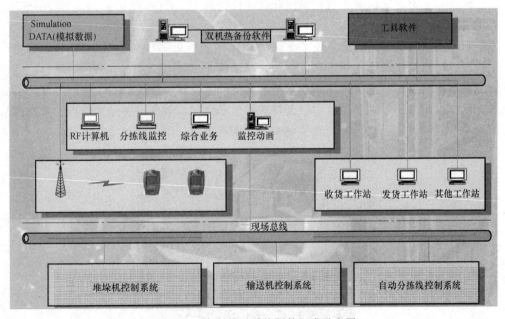

图6-55　备料辅助系统硬件组成示意图

2. 设备管理

设备管理主要包括设备档案管理、设备运行监控、保养及维修管理等。

（1）设备档案管理。设备档案管理将基础信息分类，对型号、采购价格、供应商信息、设备折旧信息、关键参数信息、产品说明书、维修手册等档案建立数字化模型，并计算某设备在其全生命周期过程中发生的采购费用、折旧费用、保险费用、保修费用等。

（2）设备运行监控。设备运行监控包括运行相关数据，便于实时掌握各类设备的运行状态，发生故障时及时报警，统计设备运行时的负荷信息，实现保养提醒。该功能为生产运行人员提供设备运行情况的数据记录与查询功能，使运行管理人员准确记录设备的运行情况，发现设备故障时及时报修。

（3）保养及维修管理。设备保养及维修管理贯彻"预防为主"和"维护与计划检修相结合"的原则，通过平台设备保养和维修管理，做到正确使用、精心维护，使设备经常处于良好状态，以保证设备的长周期、安全稳定运转，并可通过历史数据对设备进行保养和维修周期提示。

3. 能耗管理

通过工程中各类传感器、探测器、仪表等测量信息，可直观获得能耗数据（水、电、燃气等），可按照区域进行统计分析，更直观地发现能耗数据异常区域，管理人员有针对性地对异常区域进行检查，发现可能的事故隐患或者调整能源设备的运行参数，以达到排除故障、降低能耗和维持设备的业务正常运行的目的。其中，智能能耗分析功能支持所有联网设备变量的实时监控，Web 实时变量通信响应小于 100ms；其内置不间断服务，具备监控故障及瞬间恢复功能；内置服务器故障监控，并具备界面提醒功能，可对整个系统范围内的用户使用情况进行持续的监测，实时监视用户负载功率、功率因数等，并对使用情况进行分析。可以对各个回路的用电情况进行详细的记录与分析，以表格的形式进行显示，同时可以切换成棒图、折线等更为直观的形式进行横向和纵向比较。

4. 虚拟车间

根据制造区域的整体情况完成整个车间的 BIM 模型（见图 6-56、图 6-57），包含建筑设施、工厂设备、检测仪器等，均将它们作为三维 BIM 的部件进行管理，并将此 BIM 模型与地理信息模型进行叠加，呈现智能制造车间的真实三维设施、三维设备、实际地理环境及具体位置，以提供长久的运维管理应用，支持智慧生产管理、智能设备运维管理、智慧建筑设施运维管理、监测设备运维管理、虚拟现实等，实现全新三维设施运维新体验。

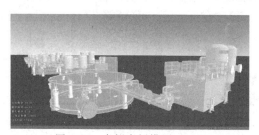

图 6-56　虚拟车间模型（一）

图 6-57　虚拟车间模型（二）

思政小贴士：软件规划，任重道远

2021 年 11 月，工信部印发了《"十四五"软件和信息技术服务业发展规划》（以下称《规划》），为我国的软件行业发展指明了方向。《规划》指出，软件是新一代信息技术的灵魂，是数字经济发展的基础，是制造强国、网络强国、数字中国建设的关键支撑。《规划》尤其是针对推动软件产业链升级提出六项具体任务，即通过聚力攻坚基础软件、重点突破工业软件、协同攻关应用软件、前瞻布局新兴平台软件、积极培育嵌入式软件、优化信息技术服务，加速"补短板、锻长板、优服务"，全面提升软件产业链现代化水平。

【思考与练习题】

6.1　请画图并说明 ERP 系统的软件架构逻辑。

6.2　ERP 系统基本部署策略共有几种？分别进行阐述。

6.3　ERP 的仓存是怎么实现其业务流程的？

6.4　MES 的核心模块包括哪些？

6.5　MES 实施的目的是提升产品质量、降低成本、打造数字化工厂、提升人员技能这些选项中的哪一个？

6.6　PLM 文档数据版本的管理规则是什么？

6.7　请用图来表示 PLM 的数据流？

6.8　在海量数据中，采用什么技术可以快速匹配到用户所关心的信息？

6.9　在"企业上云"过程中，如何实现企业的"云制造"？

6.10　请用实例来说明离散型制造业的 MES 实施方案。

Chapter 7

第7章

智能制造方案设计

导读

　　智能制造方案涉及制造业设计、施工、运营的全生命周期，以工业软件为载体，在生产管理和企业管理等环节进行信息系统集成，帮助用户实现跨自动化、控制以及企业间的网络融合。在实际案例中，智能制造方案往往从生产智能化、设备智能化、管理智能化和产品智能化等方面展开，实现与现有系统对接，完成生产数据的实时、双向传输；实现在物联网平台上的自动数据采集，实时反馈生产状态、进度；实现人员与绩效的自动采集、统计分析、自动核算；实现异常事件的快速响应和车间信息看板可视化，确保智能制造系统的实用性、稳定性和可靠性。

知识图谱

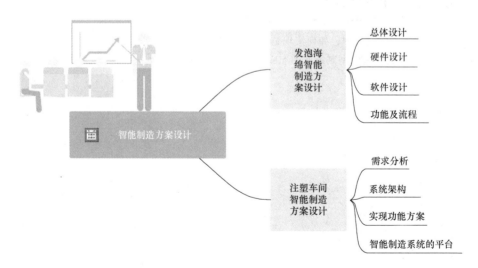

7.1　发泡海绵智能制造方案设计

7.1.1　总体设计

　　发泡海绵主要用作自动充气垫、充气床、防水包、冰包、枕头、坐垫以及 TPU 复合面料等。现对某公司的发泡海绵仓库进行智能化、数字化升级改造，通过专业软件与高度的自动化实现发泡海绵的仓储、管理、搬运等功能。

全套智能制造系统涉及服务器、数据库、工业自动化等多项技术，并且需要同其他第三方设备进行数据对接或信号采集，同时要为后期整厂区的数字化升级改造预留空间。为此本设计方案采用当前最为先进的射频识别（RFID）系统和德国西门子自动化控制系统作为系统的核心控制元件与识别对象，并通过 SQL 服务器集群保证数据的安全性，并且用于 Web 发布功能，可实现远程第三方访问。

射频识别（RFID）是自动识别技术的一种，通过无线射频方式进行非接触双向数据通信，利用无线射频方式对记录媒体（电子标签或射频卡）进行读写，从而达到识别目标和数据交换的目的。本设计方案使用的 RFID 标签材质为"铜版纸+铝蚀刻天线"，具有 128bit 芯片储存区读/写功能，采用无源工作模式，支持我国 UHF 920~924MHz 载波频率，芯片使用寿命达 10 万次，数据保存达 50 年。表 7-1 所示为本实例所用 UHF 远距离 RFID 标签贴纸规格。

表 7-1　本实例所用 UHF 远距离 RFID 标签贴纸规格

天线形状	天线尺寸	读取距离（Max）
	17mm×70mm	≥6m
	19mm×93mm	≥6m
	44mm×44mm	≥6m

德国西门子工业控制技术为当今最为先进的数字化工厂解决方案之一，可提供用于设备控制的 S7 系列 PLC、交流低压驱动系统、工业识别系统等设备，并且具有良好的设备兼容性和二次开发功能，最新的 TIA Portal V16 软件集成了 WinCC Unified 上位机组态软件，可通过第三方访问的形式进行设备操作、画面监控等功能。

7-1　发泡海绵智能
制造硬件设计

7.1.2　硬件设计

系统整体硬件构架包括发泡机处的前端 RFID 生成部分、熟化库堆垛机后的入库 RFID 读取部分、自动行车部分和位于断泡机处的断泡机 RFID 读取与标签重现等部分。在各个工位段放置相应的客户端与硬件设备，通过网络将各个客户端进行连接。同时，数据通过服务器集群进行 SQL 数据库管理。整套系统是自动化、信息化、智能化、数字化的高度结合。

1. 前端 RFID 生成部分

发泡海绵经过发泡机发泡生成后通过切断机进行定长切割，当切断机启动切割时，"切断机客户端"收到启动信号后生成一序列号，通过"切断机客户端"所输入的海绵信息并使用标签打印机进行标签打印（后期若投入工单管理系统，可省去人工输入环节，通过工单信息直接生成打印）；将已经打印好信息的 RFID 标签放置"RFID 写卡器"上进行数据的写入；完成写入后"切断客户端"将已写入完成的信息发送至服务器集群进行数据的存储（见图 7-1）。

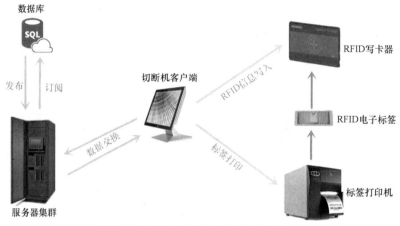

图 7-1　前端 RFID 生成部分的系统构成

2. 入库 RFID 读取部分

发泡海绵经过熟化后通过堆垛机将长泡海绵送至入库输送带，在输送带上安装一台 RFID 读卡器，对即将入库的长泡海绵进行信息读取。客户端读取信息后与服务器中生成端存入的数据进行交互，识别即将入库长泡海绵的信息并通过输送带移动至所需放置的库区（见图 7-2）。

图 7-2　入库 RFID 读取部分

长泡海绵出库后送至断泡机输送带进行切割加工，在加工前需要对所送出的物料进行 RFID 识别，方便后续工段了解原料。同时，断泡加工过程中会产生未完全切割的长泡海绵，为此还需重新打印 RFID 标签，通过行车送至储存区。

3. 行车自动化改造

将仓库原有行车进行自动化升级改造：对横向行走部分增加变频拖动与同步跟随、激光测距、防脱轨组件等；对纵向提升部分进行电气改造，并对夹具进行升级。同时，系统提供远程手动行车操作与吊装区域安全保护等辅助系统。

（1）横向行走部分。原有电动机经过电气修改，可实现通用交流变频器直接拖动的用于行车横向行走的电动机，并在电动机行走端安装旋转式光学编码器，通过采集编码器数据来计算两端电动机行走量的差值，通过内部计算补偿实现双电动机移动的同步功能（见图7-3）。

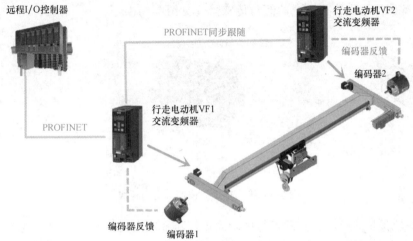

图 7-3　横向行走电动机的同步跟随

同时，将以下几点作为行车横向行走部分的自动化升级改造的技术升级项。

1）非接触式激光测距。行车横向移动时，为方便横梁根据库位距离定位，需要对横梁进行距离检测并将数据回传到 PLC 上，同时通过横梁电动机实现精确定位。与传统编码器、接近开关等定位相比，远距离激光测距传感器具有定位精度高、反应速度快、信号输出稳定等优点。因此，本项目设计方案使用德国 SICK 公司生产的远距离激光定位传感器（见图7-4），并使用反光板达到所需的定位精度（SICK 激光测距传感器的主要参数见表7-2）。

图 7-4　SICK 激光测距传感器

表 7-2　SICK 激光测距传感器主要参数表

SICK Dx500 激光测距传感器	
测量范围	0.2～70m
检测精确度	1mm
通信协议	CAN 第 2 层
测量周期	150～6000ms
运行环境温度	−10～45℃
	−40～75℃（带散热器）

2）横向行走防偏摆。行车横向行走时由于纵向提升机构使用钢缆柔性连接，行车在加

减速的过程中会受到夹具、吊装货物等重力影响而产生来回摆动现象。根据伽利略"摆的等时性原理"可以得出摆动的周期不受摆锤质量的影响，而与摆的线长有关。

吊物的摆动是由于行车的加速或减速而造成的，当行车以一定加速度运行时，吊物会以一定摆动周期（T）摆动，在一半摆动周期（$T/2$）时施加一个等量等时的短脉冲后，吊物形成的摆动将会消除，因此该控制方法称为双脉冲前馈防摇摆系统。

为方便测量吊装夹具的倾斜角度并通过横向行走变频器进行防偏摆控制，在吊装夹具上安装一只由德国图尔克公司生产的倾角传感器（见图7-5）。

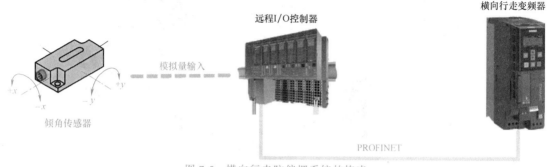

图 7-5 横向行走防偏摆系统的构成

3）防脱轨保护。行车在实际运行中若同步跟随系统出现偏差或单侧行进轮出现打滑现象，容易发生安全事故。为此在两侧横向行走机架上各安装两只接近开关，当出现单侧倾斜现象时可停止行车继续运行，起到安全保护作用。

同时，为防止行车在横向移动过程中的运行距离超出实际可用安全移动距离，在激光测距的同时在横向移动导轨两端安装接近开关或机械行程开关，与横向行走变频器一起起到安全连锁作用。

（2）纵向提升部分。将原有行车提升部分的两台绕线式电动机加装至四台，并利用柔性连接钢缆带动夹具。在实际行车改造过程中，将原有电器控制绕组通断的结构改为通过PLC控制实现绕线式电动机起停、绕组切换等功能。

原有发泡海绵夹具通过交流电动机正反转形式进行夹取，若需实现行车自动化则需要判断每次夹取海绵过程中是否对海绵进行了相应力矩的夹紧。

现本设计方案通过交流伺服驱动器带动伺服电动机，实现发泡海绵原料的夹取动作（见图7-6），并通过双工作模式切换实现。

1）放置松爪时：交流伺服驱动器使用定位模式，驱动夹具至完全松开状态。

2）抓取夹紧时：交流伺服驱动器使用扭矩模式，当夹具力矩到达设定力矩后表示海绵原料已完全夹紧，可让提升电动机起动提升操作。

4. 断泡机 RFID 识别与标签重现

（1）断泡机 RFID 识别。当行车将长泡海绵出库后送至断泡机输送带时，通过输送带侧安装的 RFID 读卡器读取原料的信息并与数据库进行交互后完成出库动作（见图7-7）。

（2）余料 RFID 标签重现。若送出的长泡海绵未被完全切割，所产生的短泡海绵通过断泡机输送带侧安装的编码器测量断泡机已切割长度，并通过客户端与数据库进行数据交互，将新的短泡海绵信息录入数据库并打印标签，经 RFID 写卡器写入新的信息后，重新入库，即放入专用的短泡库位（见图7-8）。

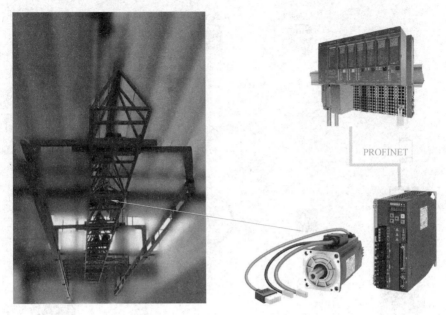

图 7-6 夹具伺服电动机升级改造

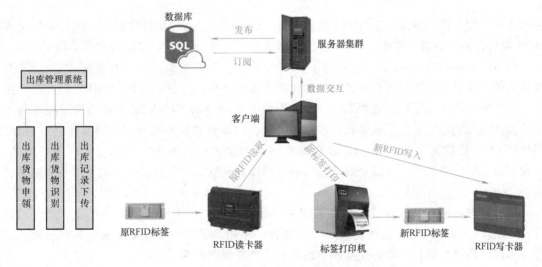

图 7-7 出库 RFID
读取部分

图 7-8 短泡海绵 RFID 标签重现

7.1.3 软件设计

本设计将使用数据库集群，利用主数据库发布、集群数据库订阅的方式，当主服务器数据发生变更时，立即备份到从服务器中，当主服务器发生故障时，可以立即把主服务器切换到从服务器，把从服务器直接变成主服务器（见图 7-9）。

服务端采用 ASP. NET CORE Web API 作为核心业务逻辑的数据服务接口，使用 Entity Framework 操作数据库，对数据库进行读写操作。所有数据在客户端上传时，先序列化成 JSON，传输到 Web API 服务中，Web API 根据定义好的实体结构，重新把 JSON 序列化成相

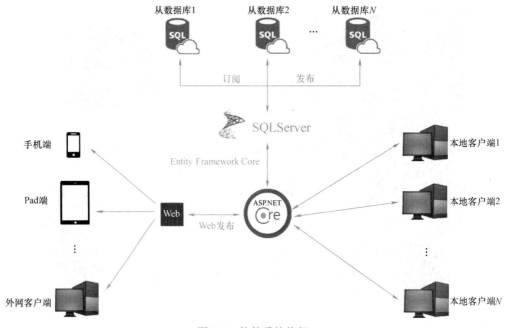

图 7-9   软件系统构架

应的实体结构。另一方面，Web API 通过 Entity Framework Core 获取数据后，将其序列化成 JSON 格式，返回到客户端上，客户端再把 JSON 反序列化成预先定义好的实体结构。

Entity Framework Core（简记为 EF）的工作原理：在开发时定义好数据实体后，EF 会监控实体，反射出实体的名称和类型，对应数据库的结构，自动生成到数据库中，并会快照出一份数据库结构以保存当前版本。当实体发生变化时，EF 会把数据库中的快照版本与本地的实体结构进行比较，生成更新数据库的脚本，以保证数据库结构与代码实体的一致性。当使用 EF 进行数据库操作时，EF 会根据实体结构生成相应的 SQL 语句。这样的好处是，开发不会受限于数据库，可以更好地关注业务逻辑的开发，让代码看上去也更简洁，更易于维护。

后台管理功能有员工管理、仓库管理、产品管理等，主要用于数据的查看、录入统计等，使用 Web 端的方式，直接使用 Web 浏览器，不用部署客户端，可以减少部署和维护工作。车间的客户端操作与硬件交互操作很多，需要部署客户端。

1. 后台管理

（1）初始化。当系统部署完成后，会生成一个管理员账号和默认密码（它拥有所有的权限）。打开 Web 浏览器，地址跳转到后台地址后，用管理员账号和默认密码登录系统。

（2）员工管理。员工信息录入：登录系统后，进入员工信息管理界面，可以对工厂所有员工进行员工录入，输入员工姓名、登录用户名、密码、年龄等，录入完成后单击"保存"按钮，通过 Web API 将员工信息保存到数据库中。

员工信息查询：当员工信息录入完成以后，可以在员工查询界面，根据查询条件，如员工姓名、性别等对员工进行筛选查询，默认将执行全部的分页查询。

员工信息编辑：当需要修改员工信息时，在员工查询界面，选中需要修改的员工，单击"编辑"按钮，进入编辑界面，修改好员工的信息后单击"保存"按钮，通过 Web API 将员工信息保存到数据库中。

（3）角色管理。图 7-10 所示为角色管理示意图。

权限初始化：在 Web API 接口定义完成后，对这个接口通过代码进行 Attribute 命名，然后在系统初始化时，通过反射，获取所有 Attribute 的名字，并保存到数据库中，这样所有接口的初始化权限便完成了。

新增角色：当进入系统后，单击"角色"按钮，进入新增角色界面，输入角色名称后，在下方会出现系统初始化过的权限名称，当勾选完所需权限后，权限和角色名称会被一起提交到 Web API 中并保存数据库。

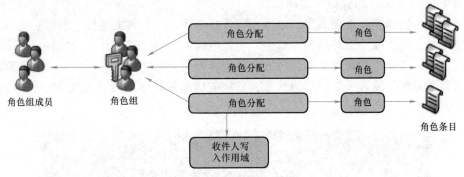

图 7-10 角色管理示意图

角色查询：进入系统后，单击"角色"按钮，进入查询角色界面，可以根据权限名称查询和筛选所有的权限，默认获取所有角色的分页。

角色编辑：在查询角色界面，选中需要修改的角色，单击"编辑"按钮，进入角色编辑界面，修改完成角色名称和相应的权限后，提交到 Web API 中并保存数据库。

角色判断：登入系统后，系统会根据用户唯一编号，获取该用户的角色，然后获取该角色所拥有的权限。系统所有的菜单会根据已定义的权限名称与用户所拥有的权限做比较，如果缺少，则隐藏系统菜单。同样，进入每个页面后，系统页面中的每个按钮也会根据定义好的权限与用户拥有的权限做比较，如果缺少，则隐藏页面按钮。对于用户的每个操作，调用到 Web API 时会根据定义好的权限，与用户所拥有的权限做比较，如果权限不足，则返回"401 请求错误"。这样系统就有了 Menu 和 API 级别的双重安全。

（4）仓库设置。

仓库信息录入：登录系统后选择仓库设置菜单，进入仓库录入界面，录入仓库名称、地点等，单击"保存"按钮，调用 Web API 将仓库信息录入保存到数据库中。

仓库信息查询：通过仓库查询菜单进入仓库查询界面，根据仓库名称，查询相应的仓库，默认获取所有仓库的分页。

仓库信息编辑：在仓库查询界面，选择需要修改的仓库，单击"编辑"按钮，进入仓库编辑界面，修改仓库相应信息，调用 Web API 将仓库信息录入并保存到数据库中。

库存查询：在仓库查询界面，单击"库存查询"按钮，获取所有仓库中的所有库位号，并获取库位中每一层的所有产品。

（5）库位设置。

库位信息录入：单击"库位设置"，进入库位录入界面，列出录入好的仓库，选择库位所在的仓库，输入库位号和层数，单击"保存"按钮，调用 Web API 保存到数据库中。

库位信息查询：单击"库位设置"，进入库位查询界面，根据所在仓库、仓库号等进行库位的查询。

模糊查询：显示出仓库名称、库位号、层数等数据，默认查询出所有仓库的所有库位的分页。

库位信息编辑：在库位查询界面中，选择所需编辑的库位，修改库位号、层数等信息，调用 Web API 保存到数据库中。

（6）产品管理。

如图 7-11 所示为产品管理示意图。

原料管理：选择原料管理菜单，进入原料管理界面，对原料的名称、型号、价格、进货商家等进行增、删、改、查等操作。

产品管理：选择产品管理菜单，进入产品管理界面，对产品名称、型号等进行管理，选择多条所需的原料，输入所需原料的数量，以列表的形式展示，对加工工艺等信息进行增、删、改、查操作。

图 7-11　产品管理

2. 开发与部署

本系统后台语言采用 .NET C#，开发工具采用 Visual Studio 2019，语言框架为 .Net Core 3.1 版本。

.Net Core 是微软 .Net 的跨平台框架，是微软全力打造和推广的最新开发平台，是 .Net Framework 平台的优化版本并且开源，不仅能够跨平台部署，而且性能优秀，其 Web 框架 Asp.Net Core 比目前流行的所有语言的 Web 框架，如 Java、Python、Golang、PHP 等性能都要强很多，在相同的条件下，拥有更快的速度，占用更少的系统资源，是目前后端开发的最佳选择。3.1 的版本也是目前最新的稳定版本。

系统分为后台管理端和车间操作系统端。后台管理端采用的技术方案为 ASP.Net Core WEBAPI+Vue 2.0 的 Web 端方案，ASP.Net Core WEBAPI 是核心的业务逻辑，采用目前最流行的 RESTful 风格，WEBAPI 也是目前所有 Web 和 APP 数据来源的最主流的数据解决方案。Vue 2.0 是 Web 端前端的展示框架，也是目前全世界最流行的三大 Web 框架（Angular-JS、Vue、ReactJS）之一，采用 MVVM 的开发模式，比起传统的 Web 开发（JS+HTML），它简化了 Web 端 HTML 的界面操作，开发时只需将数据绑定在界面上，以后只需关注业务逻辑，界面就能根据绑定信息自动变化。Vue 2.0 是所有 Vue 版本中最稳定的版本，3.0 刚出来不久，还是测试版本，不宜使用。

车间操作端采用 ASP.Net Core Web API+WPF 的客户端技术方案，ASP.Net Core Web API 作为主要业务逻辑和数据源，WPF 作为客户端程序。WPF 比起传统的 Windows 程序开发（WinForms）有很多的优点，它是 MVVM 的始祖，改变了人们很多的开发思维，影响了整个世界 Web 应用的开发模式，WPF 框架灵活，能够开发出比普通 WinForms 更漂亮、更好用的界面和效果。

服务器端和客户端部署技术规格如表 7-3 所示。

表 7-3　服务器端和客户端部署技术规格表

服务器端	服务器	Windows Server 2012R2 及以上版本
	外网访问	需要一个静态 IP，或者部署云服务器
	数据库	SQLServer 2012R2 及以上版本
	CPU	Intel Xeon E5645 或以上
	内存	32GB 或以上
	硬盘	6TB 企业级机械硬盘+256GB SSD
客户端	计算机	Win10 企业版或专业版

7.1.4　功能及流程

根据客户反馈需求与工程师实地考察后的结果，整套海绵仓储管理系统可大致分为员工登录、前端 RFID 写入、产品入库、产品出库、余料入库、产品移库、特殊物料移库、库存盘点等功能。同时系统涉及与切泡机、断泡机、熟化库等进行数据对接。

1. 员工登录

当后台设置好员工信息和权限后，进入客户端登录界面，输入登录用户名和密码，进入操作端系统，操作端系统的权限和后台端一致，每个客户端界面菜单和页面按钮都会设置对应的权限，在用户登录后，系统会根据用户信息获取用户的角色和权限进行比较，权限不足则隐藏。

2. 前端 RFID 写入

在海绵发泡机后端切断机处布置前端操作站，当发泡海绵生产出来时，根据当前产品特性与规格，获取对应产品类型的编号，获取产品的相关信息，如产品名称、密度、回弹率等，并发送到打印机打印 RFID 电子标签。同时，根据这个产品类型的年、月、日生成一个生产流水线号作为唯一识别编号，并把这个编号存储到数据库的生产流程表中，并标记状态为已生产（见图 7-12）。同时，把这个编号写入已打印完成的 RFID 电子标签中，并粘贴于切割完成的长泡海绵上（RFID 标签自带背胶），最后通过传送带将长泡海绵送入熟化区进行熟化。

图 7-12　前端 RFID 写入流程图

3. 产品入库

（1）RFID 感应：长泡海绵从熟化区通过传送带传输到仓库前，仓库部分传送带侧的 RFID 感应器会读取产品中的 RFID 标签信息并立刻发送入库指令到服务器。

（2）产品入库：服务器接收到入库指令后，立刻搜索仓库的库位信息并找出空余的库位，选择一库位后，立即与行车建立 TCP 连接，将选择的位置和入库指令发送给行车。如果库存已满，服务器将仓库满仓状态写入到数据库消息表中，所有客户端消息系统实时监控消息，一旦发现新消息，立刻弹出对话框，显示最新消息。

（3）完成入库：当行车完成入库后生成完成指令，利用 TCP 双工通信，反向发送回服务端，服务端接收到指令后，通过中间指令集返回服务端指令状态。如果状态为正常结束，服务端将生产流程表中该产品所在的数据状态改为已入库，并写入库位号，同时更新仓库库位号状态，标记该库位上的产品生产流水线号；如果状态异常，则服务端将该状态写入消息表中，所有客户端监控到消息后，立刻弹出对话框，显示该条信息。

4. 产品出库

（1）选择出库产品：选择产品出库菜单，进入产品出库页面。用户可以根据所要出库产品的类型查询出相应的结果，以列表形式和二维图形化两种方式展示搜索结果，两者可以相互切换。

（2）默认自动产品出库路径规划：产品出库默认选择层位最高的产品，并判断它的上层是否有其他产品，如果有就把上层产品都移动到附近的库位上区，每次移动，都自动通过客户端与行车 TCP 通信，直到需要出库的产品在库位的最上层。同时，每次移动时都从库位信息表中更新库存位置。如果无法移动，系统会写入消息表并显示在各客户端中。

（3）产品出库：经过多次产品位置改变后，目标产品已经放在最外层了，此时，客户端会发送一条出库指令，让行车把目标产品转移到切割线上。同时，在生产流程中将标该产品所在数据状态改为已出库。

5. 断泡机余料入库

（1）断泡机 RFID 识别：长泡海绵从库位中通过行车传输到断泡机传送带上，断泡机传送带侧的 RFID 感应器，会读取产品中的 RFID 标签信息并立刻发送入库指令到服务器。

（2）断泡机切割余量回传：对当前断泡机上的长泡海绵的外形尺寸进行读取后，通过可编程逻辑控制器计算断泡剩余长度并将断泡机切割完成后的长度重新写入数据库中。

（3）新 RFID 生成：通过对原有 RFID 标签的读取记录当前长泡海绵的相关信息，将切割后的长度重新记录后，根据年、月、日生成一个生产流水线号作为唯一识别编号，并把这个编号存储到数据库的生产流程表中，将其状态标记为已生产。同时，把这个编号写入已打印完成的 RFID 电子标签中，并粘贴于切割完成的长泡海绵上，最后通过行车将短泡海绵送入短泡储存区。

（4）余料入库：服务器接收到入库指令后，立刻搜索余料仓库的库位信息找出空余的库位，选择一库位后，立即与行车建立 TCP 连接，将选择的位置和入库指令发送给行车。如果余料库存已满，服务器将余料仓库满仓状态写入到数据库消息表中，所有客户端消息系统实时监控消息，一旦发现新消息，立刻弹出对话框，显示最新消息。

6. 产品移库

对已入库的产品，可在移库界面将库内的长泡海绵或短泡海绵通过行车进行搬运排放。每次搬运完成后客户端会将新的库存信息发到服务器进行更新。

7. 特殊物料移库

（1）特殊物料出库：对于部分库存时间长、使用度不高的长泡海绵或短泡海绵，可以使用移库界面将这些海绵移动至入库传送带。移库完成后，更新当前库位信息。

（2）特殊物料移库：放置于入库传送带的海绵，通过传送带运送至熟化库的堆垛机上，再通过堆垛机将这类特殊物料移库集中管理。

8. 库存盘点

利用如图 7-13 所示的手持式 RFID 设备，扫描周围设备获取周围所有的 RFID，扫描出来的 RFID 都是生产流水线号，然后查询出库存库位的所有产品的生产流水线号，两边仓位数据根据生产流水号的数量做比较。

图 7-13 手持式 RFID 扫码器

7.2 注塑车间智能制造方案设计

7.2.1 需求分析

如图 7-14 所示，依据某企业的自动化和信息化发展规划与目标，本期（第一年）以注塑车间为示范点，持续、稳步推进智能制造项目，完成基础平台、计划调度、人员绩效、节拍监控、事件管理、数据分析、目视管理和指挥中心等功能。

该智能制造项目的主要需求如下。

（1）生产计划电子化排程和进度跟踪。

（2）缩短异常响应时间，减少过程异常发生频次，提高生产效率。

（3）减少产量、工时等数据录入、分析、核算时间，节约人力成本。

以下为具体细分要求：

1）实现与 ERP 系统对接，完成生产数据的实时、双向传输，避免数据的重复性录入。

2）实现生产计划在 MES 系统内按设备、交期、物流、换型优先等模式完成计划排程。

3）实现 38 台注塑机的物联网，自动采集加工数量，实时反馈生产状态、进度。

4）实现人员、班组绩效的自动采集和统计分析，人员状态实时监控和计件工资的自动

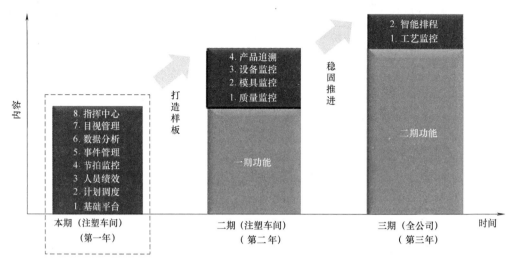

图 7-14　注塑车间智能制造项目内容

核算（支持班组和个人计件方式）。

5）实现异常事件的快速响应，并可对异常事件进行处理进展的跟踪和汇总分析，帮助管理者快速找到问题根源，减少同类问题的发生。

6）实现车间信息的看板可视化，并有异常事件反馈、智能提醒功能。

7）生产数据的综合分析，自动生成各种生产、事件、人员报表，并支持在多种终端（客户端、PAD、手机）上查看。

8）现场网络布局合理化规划，综合网络的实用性、稳定性、可靠性。

通过对一期项目的要求进行解决方案分析，制订出表 7-4 所示的系统对应功能清单。

表 7-4　系统对应功能清单

序号	功能分类	功能描述
1	计度调度	①与 ERP（如 MRPK3）对接，实现自制件计划、BOM 表等数据传输； ②计划多模式排产，自动派工，实现集中机台、集中产线排产，计划对应到机台； ③生产进度实时监控，实时调度（插单、暂停、取消等）； ④自动生产数量采集、统计、分析； ⑤人员身份验证和资格确认
2	人员绩效	①员工分布情况查询，在岗状态实时监控； ②员工工时、工序、工价的查询和管理； ③员工完工产量、质量数据的采集和汇总； ④班组绩效（产量和质量）的统计和分析； ⑤班组和人员计件工资核算
3	节拍监控	①注塑成型周期、节拍自动采集； ②节拍（标准工时）统计对比与更新； ③各注塑机 24 小时设备监控时序图
4	事件管理	①人、机、料、法、环发生异常时，可以实现异常报警、提示、上报； ②按设定时间对事件进行上报，并实现逐级反馈机制； ③异常事件处理进展跟踪； ④记录快速响应时间、人员等信息

（续）

序号	功能分类	功能描述
5	数据分析（支持二次开发）	①日、月、年生产量报表； ②生产工时、产能趋势报表； ③人员、班组绩效报表； ④事件汇总与分析（异常分布、响应时间）； ⑤手机端/PAD 浏览与查看
6	目视管理	生产进度、人员状态、人员绩效、异常事件的电子屏展示
7	指挥中心	①视频、各类报表展示，生产过程物流监控； ②视频网与物联网联动； ③智能安防

7.2.2　系统架构

1. 物联网架构

针对注塑车间情况，采用如图 7-15 所示的物联网架构图。

7-2　注塑车间智能
制造系统架构

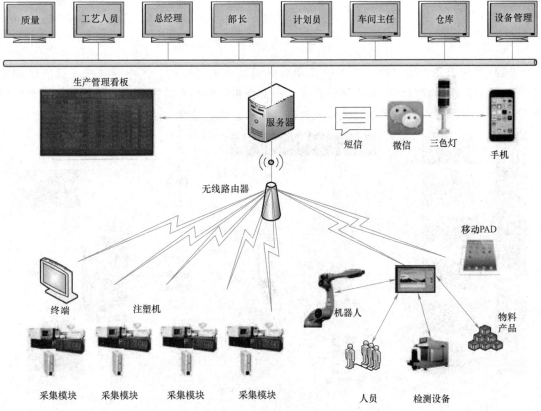

图 7-15　物联网架构图

2. 数据采集架构

（1）无线采集方案架构。如图 7-16 所示，在注塑机底层加装 I/O 采集器，采集节拍/工时、产量数据；采集相关数据后通过高性能工业无线网关与接入点（Access Point，AP）将数据传输到服务器，实现设备数据的无线传输，数据经过处理后被推送到现场客户端、手机、PAD、LED 看板上。

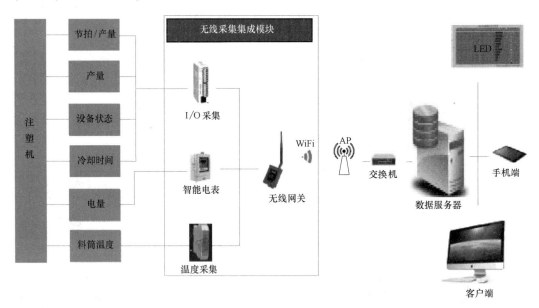

图 7-16　无线采集方案架构

（2）有线采集方案架构。图 7-17 所示为有线采集方案架构，其中有线与无线的区别在于网关少了无线收发模块，采用网线直连工厂交换机。采用有线采集方案的优势在于数据传输稳定，从而保证了整个智能制造系统数据流的稳定性，避免了数据的丢失风险。

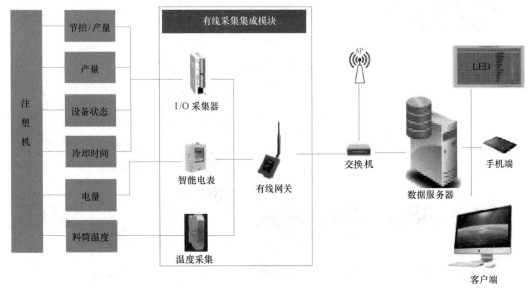

图 7-17　有线采集方案架构

3. 车间网络方案

无线网络布局方案基础是在设备机台工艺数据采集的基础上加装无线发射模块，便于现场设备布局与管理（见图 7-18）。在注塑车间布置 4 个无线 AP，网络集中到车间交换机，再集成到公司核心交换机,形成车间网络系统,用于整个车间 MES 系统的数据传输。无线采用支持 802.11ac 协议,支持工厂设备的 2.4G 接入和以后 5G 接入的扩展需求,采用无线安全接入策略,统一控制体系架构。

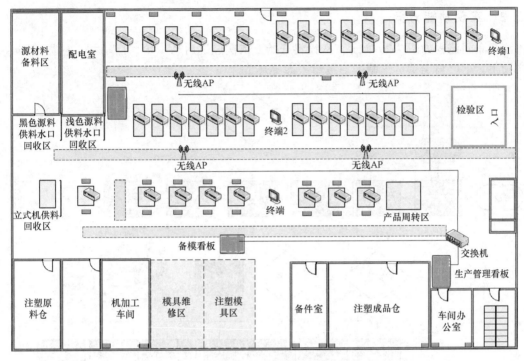

图 7-18　车间网络布置图

4. 物联数据终端及显示功能

图 7-19 所示为物联数据终端,该物联数据终端是一款拥有 38.1cm(即 15in)彩色液晶面板的平板计算机,可满足严苛环境下的多种需求。简洁流畅的外形,机身轻薄且坚固,基于无风扇设计,使该终端在各种严苛的工业应用环境中都能稳定运行。其 I/O 接口包括 1 个千兆网口、3 个 USB 接口、1 个音频输出接口、5 个 RS-232/422/485 COM 接口,提供无线网络支持,集成有 RFID 无线接收模块,能够实现与计算机一体化,可实现人员刷卡控制、权限管理等功能。

图 7-19　物联数据终端

该终端的系统管理权限设置如下。

(1)"功能权限"自主定义,灵活配置。

1)系统设置类:计划预警设置、操作权限设置等。

2)功能设置类:超量锁机设置、调试加工设置、报工合格设置等。

(2)"人员权限"权限分明、定岗定人。

1)操作工可以通过数据终端进行考勤刷卡、工单执行、事件查询并报告。

2）系统设定不同岗位的人员拥有不同的操作权限，系统会自动根据预先的设定对终端的每一次操作做出判断并处置，并自动锁定违规或超限的操作。

3）根据不同的操作权限，可完成生产任务完工情况的输入、上报和修正。

7.2.3 实现功能方案

注塑车间流程如图 7-20 所示，从投料开始，依次经过启动工单、启动加工、员工刷卡、生产加工、生产报工、员工刷卡、按单入库等环节。

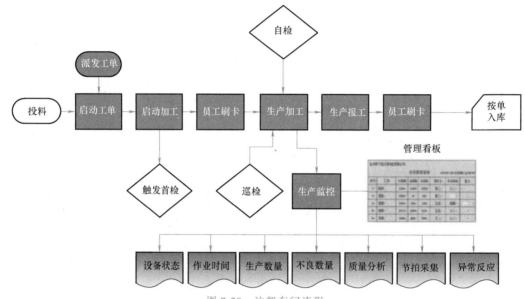

图 7-20 注塑车间流程

1. 计划与调度

计划与调度模块可以实现的功能如图 7-21 所示。与 ERP 对接，获取总装需求和注塑库存信息，通过系统计算，自动生成注塑需求表；将注塑需求表分解为注塑生产计划，并根据设定规则生成注塑机台加工计划；系统以电子工单的形式将机台计划派发送至注塑车间的 3 台物联终端上（卧式 2 台，立式 1 台）；员工在虚拟终端上选择对应工单，刷卡启动生产，系统自动采集加工数量，完工后，可在线报工（包括合格品和不合格品）。注塑生产管理的信息流架构，如图 7-22 所示。

（1）在线调度。在客户端上即可实现工单的取消、暂停、优先、插单等调整。

（2）生成注塑需求。系统根据 ERP 内的总装需求和注塑库存数据，自动计算并生成注塑需求。

（3）机台排产。确认注塑需求后，转化为注塑车间计划，然后按指定模式（交期优先、设备优先、换型优先、物流优先等）进行生产排程，将计划下排到指定机台。

（4）计划派发终端，启动生产。终端接收电子作业计划，作业员通过终端选择对应工单，刷卡验证身份后启动加工，系统自动监测和实时反馈生产进度。

（5）生产进度监控。在系统客户端、手机端、车间 LCD 看板上均可查看当前的生产进度情况，图 7-23 是系统终端上显示的生产进度界面。

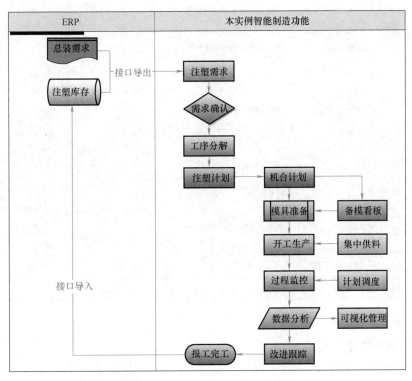

图 7-21 计划与调度模块功能

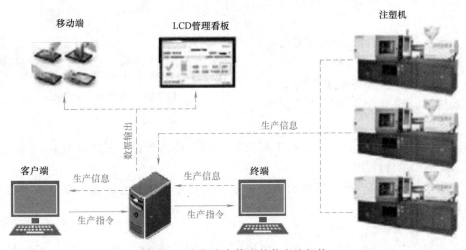

图 7-22 注塑生产管理的信息流架构

（6）计划调度。根据实际需要，可进行机台计划或车间计划调度（如提前、顺延、插单、取消、数量修改等）。免除调度单填写和下发流程，可直接在系统上实现对工单的在线调度（插单、取消、优先级等），提高制造运营效率。

2. 人员绩效

人员绩效模块的主要目标是监控员工在岗状态，实现工时、工价的查询和维护，自动统计班组和个人的生产数量，系统自动核算班组和个人的计件工资。

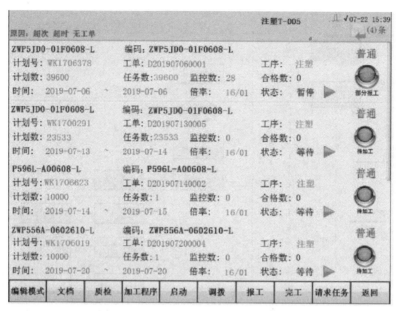

图 7-23　系统终端上显示的生产进度界面

人员绩效框架图如图 7-24 所示。

（1）工时管理。自动统计员工的加工时间，在系统里面可以查询指定人员在指定工序的加工时间。图 7-25 所示为员工工时查询界面。

（2）产量统计。自动统计员工监控数、报工数、合格数和不合格数。

（3）工价维护：将每道工序的工价录入到系统内，作为计件工资核算的依据，可支持在线维护。

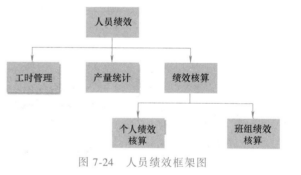

图 7-24　人员绩效框架图

（4）个人绩效核算。自动采集员工每天加工的合格品数量及报废品数量，然后系统自动计算出该员工的计件工资。

（5）班组绩效核算。产线形式刷班组长卡，绩效分别统计在班组下所有人员的最后绩效总和。

3. 节拍管理

目标：通过实时采集的生产周期（节拍），可以实时管理注塑机单个产品的成形周期，与系统标准工时对照，能够更加真实地反馈产品周期，并为设备性能和模具异常提供数据支撑，从而实现设备的预测性维护，降低管理成本。

图 7-26 中，通过相同的产品，不同人员、不同设备操作产生的节拍差异，可对设备、人员和操作进行分析，利于管理者准确掌握实时信息，用于问题点改进。

4. 事件管理

所谓事件管理就是对注塑车间监控功能内触发的异常事件以及需要进行提前预警的事件，给出报警、提示、上报和看板显示，同时记录设备、时间、处理人、班次等信息，并对

日期	姓名	物料编码	设备名称	物料名称	耗时	合格数
12/7	乙 吴奉江	C82071E001	CN79	82071E	7.63	133
12/7	乙 吴奉江	C82071E001	CN72	82071E	7.50	165
12/6	乙 吴奉江	C82072D002	CN81	82072D	7.53	171
12/6	乙 吴奉江	C82072F001	CN73	82072F	7.61	160
12/6	乙 吴奉江	C84022B001	CN36	84022B	0.47	0
12/5	乙 吴奉江	C84022B001	CN36	84022B	8.07	120
12/4	乙 吴奉江	C84022B001	CN36	84022B	8.02	160
12/3	乙 吴奉江	C84022B001	CN36	84022B	8.48	245
12/2	乙 吴奉江	C84022B001	CN36	84022B	8.75	249
12/1	乙 吴奉江	C84022B001	CN36	84022B	1.71	0
12/7	甲 朱益铭	C841310001	CN32	84131	1.36	21
12/6	甲 朱益铭	C841310001	CN32	84131	7.79	120
12/5	甲 朱益铭	C841620001	CN30	84162	7.73	128
12/4	甲 朱益铭	C84022B001	CN27	84022B	7.09	0
12/4	甲 朱益铭	C83522A001	CN30	83522A	5.09	52
12/3	甲 朱益铭	C841310001	CN32	84131	7.32	70
12/2	甲 朱益铭	C82821C002	CN32	82821C	7.26	89
12/1	甲 朱益铭	C841310001	CN32	84131	7.23	96
12/7	甲 何荣强	C841610001	CN11	84161	8.59	162
12/7	甲 何荣强	C841310001	CN32	84131	6.42	110
12/6	甲 何荣强	C841610001	CN11	84161	8.31	162
12/5	甲 何荣强	C84132A001	CN11	84132A	8.23	151
12/4	甲 何荣强	C841310001	CN32	84131	7.47	144

图 7-25　员工工时查询界面

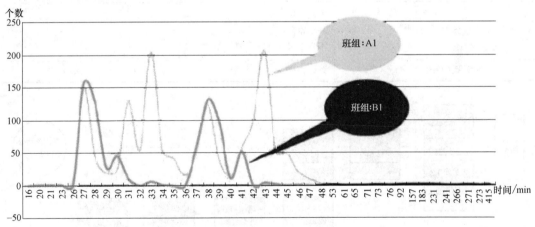

图 7-26　同一台设备两个班组的生产节拍分布图

事件进行跟踪。

事件管理系统的实现流程如图 7-27 所示。

（1）事件的主要类别和异常项目（见表 7-5）。

（2）分级快速响应机制。如图 7-28 所示，分级快速响应机制支持逐级上报流程，将报警信息上报给中高层领导。该机制可缩短了事件响应时间，减少因不及时处理导致生产停工等现象的发生，保障生产计划和进度的按时完成，提高设备利用率和计划达成率。

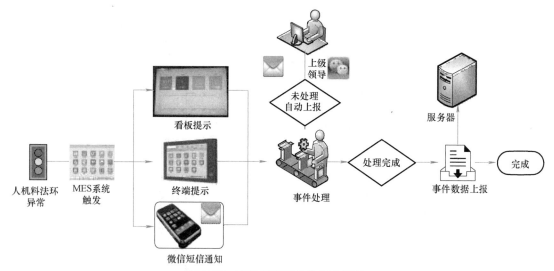

图 7-27　事件管理系统的实现流程

表 7-5　事件的主要类别和异常项目

序号	主要类别	异常项目
1	生产进度异常	生产指令异常; 生产计划进度异常,影响总装
2	设备异常	故障停机; 设备参数超出控制值
3	质量异常	未及时做三检; SPC 异常; 不良上报
4	模具提醒	备模换模一、二级提醒

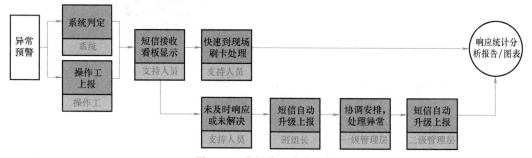

图 7-28　分级快速响应机制

（3）异常事件统计报表。系统平台对异常事件自动进行分类统计，并形成不同维度的管理报表，便于管理人员进行异常事件的根源分析和 PDCA 改进，提高响应速度，降低异常事件的发生频次，从而提高生产运作效率。

5. 数据综合分析

（1）目标：将现场实时采集的生产数据，根据不同部门的需求进行主题分析，便于实时、准确地把握生产动向，随时进行分析改善，并支持客户二次开发。

（2）实现方式：采用 J2EE 技术实现、发布在 WebLogic 服务上的系统接口系统来集成、整合、管理行业内基于 Java 和 .Net 平台的业务子系统。系统接口通过插件方式将各业务子系统集成、整合至综合业务平台中。

（3）价值：全方位的数据分析，为工厂设备维护、计划变更和产入产出提供参考，便于实时、准确地把握生产现状，了解生产研发中的盲点，科学调配资源，高效便捷地从事节约型生产开发方式，从而步入生产、管理智能化，提升对当前和未来发展前景的把握。

6. 目视化管理

（1）看板配置。运用电子看板，展现生产现场的常用信息：生产计划进度、人员状态、模具备模提醒等，通过电子看板将产品生产信息化，以实现工厂透明和共同监督。根据现场布局情况，建议注塑车间电子看板配置如表 7-6 所示。

表 7-6　注塑车间电子看板配置

电子看板位置	主要作用	数量	推荐尺寸
车间前部	轮播生产信息及异常信息	1	55in
车间后部	轮播生产信息及异常信息	1	55in
备模区	提醒备模换模	1	46in

注：1in＝0.0254m。

（2）生产信息看板展示内容。

生产进度：车间前部和车间后部目视化看板用于轮播生产进度、人员状态、异常提醒等；采集系统用于实时采集每台设备的生产数量，监控每张工单的生产进度；现场目视化看板用于实时轮播现场生产进度，保证数据的实时和共享，让各部门人员了解计划完成情况，及时对异常计划或者不能按时交付的计划进行调控。

异常事件：目视化看板轮播异常事件统计图，以了解现场发生异常的频次，了解现场异常处理进度，了解是否有人员确认，是否有处理，是否已解决，达到现场监督的目的。

（3）备模区看板展示内容。系统根据当前工单实际生产进度以及产品的生产标准节拍，计算当前工单的剩余完成时间，按照设定的备模及换模准备提醒时限进行电子化看板提醒。如在当前工单结束前 60min 进行备模提醒，提醒责任人去模具仓库提取对应模具；在当前工单结束前 10min 进行换模提醒，提醒去现场设备准备换模工作。通过目视化看板的管理，可以提高备模和换模效率。

（4）手机平台展示。可通过手机实时查看车间现场生产、设备、人员等状态，判断并做进一步处理。

7. 指挥中心

根据生产管控和视频监控的特点，结合实际应用需求，生产指挥系统设计由制造物联系统、视频监控系统和综合管理系统三个部分组成，通过视频设备和物联设备，共同实现生产管理信息和视频监控信息的采集、显示、存储、联动和管理。

指挥中心的整体效果如图 7-29 所示。

指挥中心通过工业物联网（Industrial Internet of Things，IIoT）系统进行计划进度、设备、质量、参数、物流监控和汇总分析。指挥中心的工业物联网系统（IIoT）分为两个部分：现场

图 7-29　指挥中心的整体效果

视频监控和监控数据展示（大屏）。

（1）现场视频监控。现场视频监控实现的内容如表 7-7 所示。

表 7-7　现场视频监控实现的内容

序号	监控项目	监控内容
1	设备定时巡检频次	①多视频连动巡检区域； ②时间范围内未巡检报警，短信发送
2	设备异常处理	①故障区域聚焦监控； ②维修处理在线观察； ③远程技术支持维护
3	5S 远程管理	①过道堵塞监控； ②生产区监控； ③物流车摆放监控
4	仓储物流监控	①车间物流门监控； ②物流装卸作业监控； ③物流通道人员监控
5	作业行为分析	①区域人员聚集分析预警； ②危险区域进入预警

（2）监控数据展示。监控数据展示的内容如表 7-8 所示。

表 7-8　监控数据展示的内容

序号	监控项目	监控内容
1	生产进度	生产状态和进度情况
2	产品质量	产品质量趋势、质量问题分布
3	设备状态	设备运行状况、设备 OEE 分析图、OEE 对比图
4	工艺参数	SPC 控制图、参数运行趋势图、参数对比分析图
5	物流仿真	动态展示现场产品的当前物流状态
6	异常事件	异常事件警示、异常事件汇总分析图
7	自定义	可根据管理需求自行定义监控和展示内容

7.2.4 智能制造系统的平台

1. 数据服务平台

为了实现数据的对接，需要建立统一的数据交换平台。所有系统之间数据交换的实现、不同网络之间的数据交换，归根结底需要建立一个数据交换平台。简单地讲，数据交换平台可提供应用之间的信息交换，提供数据格式定义、数据转换、数据路由、业务规则定义和业务流程编辑等具体业务服务。数据交换平台需要解决的是系统数据的整合问题，要求系统间的异构接口、异构数据以及系统间的流程调度。

数据服务平台的技术核心采用 XML 数据标准，接口标准采用 Web Services。

数据交换功能架构：数据交换平台是公共技术支持服务平台，是与其他数据系统之间的连接平台。数据交换平台主要负责平台业务系统和其他业务系统之间的消息传递，并且实现业务流程的整合。交换平台是实现各接口系统之间互联互通的核心平台，其具体功能架构如图 7-30 所示。

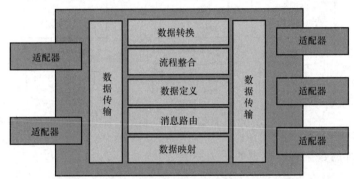

图 7-30 数据交换功能架构

各业务系统通过适配器和交换平台挂接，由交换中心来实现消息结构定义、数据映射、数据转换、业务流程定义与运行、消息封装、路由、传输等具体服务。各业务系统只需要和交换中心打交道，业务系统之间可以实现松耦合。

2. 工厂物联网平台与应用

工厂物联网平台由硬件层、通信层、数据层和安全层四个层次构成。平台之上可以叠加各类应用，如图 7-31 所示。

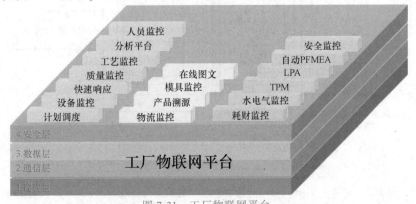

图 7-31 工厂物联网平台

3. 平台集成与扩展

在未来，工厂物联网所需要的这些分散异构的数据逻辑将会集成到一个统一标准的智能制造系统中，基于异构数据交换与共享技术的解决方案，可以实现分散异构的数据资源的共享管理和流通。在数据共享平台上搭载现有智能制造系统后，供其有效运行。针对系统所需要的生产任务、物料信息等，智能制造系统可以与 ERP 之间通过 RTExchange 交换组件，达到数据的实时同步，并可以提供业务数据的按需交换。数据汇集与交换的示意图如图 7-32 所示。

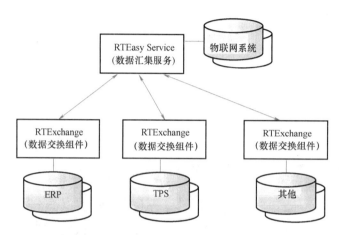

图 7-32　数据汇集与交换的示意图

智能制造系统的数据总体逻辑如图 7-33 所示。

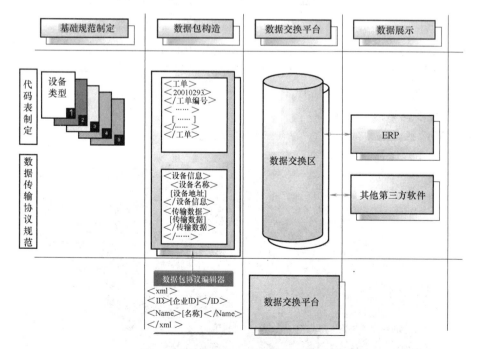

图 7-33　智能制造系统的数据总体逻辑

思政小贴士：固本培元，扎实筑牢强国之基

仰望太空，中国空间站开启"有人长期驻留"新阶段；俯瞰大地，白鹤滩水电站如同"白鹤"起舞金沙江……新时代中国发展突飞猛进，离不开大国制造的坚实基础和科技创新的强劲动力。中华民族伟大复兴，需要夯实物质基础、筑牢大国制造这个坚实支撑。"十四五"时期，我国步入新发展阶段，面临一系列新形势、新任务、新要求。在此背景下，不遗余力做强制造业、振兴实体经济，对于应对新挑战，抓住新机遇，推动我国经济行稳致远具有重要意义。

【思考与练习题】

7.1 RFID 在离散型制造业中的作用是什么？

7.2 请用实例阐述 RFID 在物料分类装配中的智能化应用。

7.3 注塑车间中的工业物联网的作用是什么？它可以传递什么样的数据？

7.4 请用实例阐述注塑车间产品追溯系统的智能化应用。

参 考 文 献

［1］ 李方园. 变频器与伺服应用［M］. 北京：机械工业出版社，2020.

［2］ 李方园. 智能工厂设备配置研究［M］. 北京：电子工业出版社，2018.

［3］ 李方园. 行业专用变频器的智能控制策略研究［M］. 北京：科学出版社，2018.

［4］ 李方园. 物联网应用基础［M］. 北京：机械工业出版社，2016.

［5］ 李方园. 智能工厂关键技术应用：第五讲 智能工厂的工业网络安全技术［J］. 自动化博览，2018，35（12）：76-78.

［6］ 王芳，赵中宁. 智能制造基础与应用［M］. 北京：机械工业出版社，2018.

［7］ 韦巍. 智能控制技术［M］. 2版. 北京：机械工业出版社，2015.